纺织科学与工程高新科技译丛

纺织品与皮肤

[德]彼得·埃尔斯纳(P. Elsner)
[美]凯瑟琳·哈奇(K. Hatch)　编
[德]沃尔特·维格尔-阿尔贝蒂(W. Wigger-Alberti)

廖　青　张鸣雯　译

中国纺织出版社

内 容 提 要

服装作为人体的“第二层皮肤”在保护人类生存生活方面发挥了重要的作用，但由于其与皮肤的紧密接触，也给人类健康带来了潜在的危险，织物对皮肤所产生的影响越来越受到人们的关注。为此，本书编辑收集、整理了关于纺织品与皮肤相互作用的主要进展资料，内容涉及纺织品和皮肤的基础知识、功能纺织品、洗涤和纺织品引起的皮肤过敏等。本书可以为研究纺织品应用的专家及研究皮肤病学的专家等提供支持和帮助。

原文书名：Textiles and the Skin
原作者名：P. Elsner，K. Hatch，W. Wigger－Alberti

著作权合同登记号：图字：01－2012－5122

图书在版编目（CIP）数据

纺织品与皮肤／（德）彼得·埃尔斯纳（P. Elsner），（美）凯瑟琳·哈奇（K. Hatch），（德）沃尔特·维格尔－阿尔贝蒂（W. Wigger－Alberti）编；廖青，张鸣雯译．--北京：中国纺织出版社，2019.5（2024.3 重印）
（纺织科学与工程高新科技译丛）
ISBN 978－7－5180－5766－5

Ⅰ.①纺… Ⅱ.①彼… ②凯… ③沃… ④廖… ⑤张… Ⅲ.①纺织品—设计 Ⅳ.①TS105.1

中国版本图书馆 CIP 数据核字（2018）第 281875 号

责任编辑：朱利锋　　责任校对：楼旭红
责任设计：何　建　　责任印制：何　建

中国纺织出版社出版发行
地址：北京市朝阳区百子湾东里 A407 号楼　邮政编码：100124
销售电话：010—67004422　传真：010—87155801
http://www.c-textilep.com
E-mail:faxing@c-textilep.com
中国纺织出版社天猫旗舰店
官方微博 http://weibo.com/2119887771
北京虎彩文化传播有限公司印刷　各地新华书店经销
2019 年 5 月第 1 版　2024 年 3 月第 2 次印刷
开本：710×1000　1/16　印张：11.5
字数：160 千字　定价：88.00 元

凡购本书，如有缺页、倒页、脱页，由本社图书营销中心调换

序一

廖青教授现任北京服装学院副院长，是纺织化学与染整工程学科带头人，近年来主要从事服装安全研究。她带领研究生在纺织品与皮肤相关领域进行探索研究，并取得不俗的成果，我们曾有幸受邀参加其研究生毕业答辩，她们团队的许多观点和研究都让我们耳目一新，颇受启发。现在，我们又有幸拜读了经她主译的由彼得·埃尔斯纳（德国）、凯瑟琳·哈奇（美国）和沃尔特维格尔－阿尔贝蒂（德国）共同编写的《纺织品与皮肤》一书，收获良多。本书汇集了众多纺织学专家和皮肤病学专家的共同智慧与经验，对拓展纺织品及服装产业研究人员和皮肤科医生的专业视角、促进相互间的专业研究合作均具有重要意义。

纺织化学与皮肤病学是两个相对独立，但又相互联系的学科。随着纺织化学与皮肤病学的不断发展，两者的交互变得越来越密切，纺织品与皮肤病之间的关系也越来越受到重视。但目前大多数临床皮肤科医师尚缺乏将皮肤科知识与纺织品知识相结合的理念，部分理念先进的皮肤科医师又苦于没有专业的书籍来学习借鉴。廖青教授主译的《纺织品与皮肤》内容丰富，叙述翔实，专业严谨，通俗易懂。本书既是皮肤科医生了解纺织品知识的密钥，同时也是纺织品研究人员了解人类皮肤的解剖学、组织学和生理学知识的重要工具。

随着新型纺织品种类的增加，服装引起的皮肤病较之以前更为多见，尤其是皮肤接触过敏反应，更成为皮肤科医生日常诊疗过程中的常见病、多发病。译书中所涉及的职业性接触性皮炎，例如洗涤剂、纺织染料和甲醛等引起的皮炎，都非常值得皮肤科医护人员认真拜读、学习。同时，译书也让我们对服装研究工作有了更深入的了解。服装历经千年的演变，除了其最初的保温、遮蔽功能外，还讲究穿着舒适、美观大方。在现代服装的研制中，更重视服装的功能性。例如为避免皮肤过敏和皮肤癌的发生所研制的防止紫外线辐射的服装、应用于伤口愈合和慢性创面治疗的现代纺织品、治疗烧伤伤口和后期并发症的加压服装等，都是利用纺织品的功能性与疾病特点相结合的优秀产物。因此纺织品科学在医疗领域应用前景广阔，意义重大，值得皮肤科医护人员深耕。

《纺织品与皮肤》一书填补了国内纺织化学与皮肤病学交叉领域的空白,能从新的角度给予皮肤科医师以启发,是本不可多得的新颖之作。在此,我们向廖青教授表示祝贺!我们相信该书的出版,有助于广大皮肤科医师进一步提高临床工作水平,希望该书能得到广大皮肤科医师的认可和欢迎。

首都医科大学皮肤病与性病学系
名誉主任　连石
主任　朱威
2019年3月

序二

2003 年，我在国外工作期间看到了由彼得·埃尔斯纳、凯瑟琳·哈奇和沃尔特·维格尔－阿尔贝蒂主编的《皮肤病学现存问题》系列丛书第 31 卷《纺织品与皮肤》，当时即有将该书介绍到国内的想法。作为一名纺织科学工作者，我深知从 20 世纪 90 年代以来，随着人们对纺织品安全问题的日益关注，作为人体“第二层皮肤”的服装与人体皮肤之间的紧密接触所带来的挑战和机遇必将成为纺织工作者和皮肤科医生所关注的重点。服装面料本身及其残留物既可能给人体皮肤带来伤害，也可能为皮肤疾病的治疗带来机会，因此，它值得我们去了解、学习和研究。

该书编辑、收集、整理了当时关于纺织品与皮肤相互作用的主要研究进展，是第一本从纺织品与皮肤的接触视角系统报道纺织品对人体皮肤的保护功能、疾病治疗以及可能引起的皮肤刺激与过敏的专著。作者既有从事纺织科学的专家学者，也有从事皮肤医学的医务工作者，他们分别从不同的角度，对皮肤病学家需要了解的纺织品知识与纺织工程师需要了解的人类皮肤知识，服装为保证人体舒适和免于外界伤害所具有的调温功能与防晒功能，服装对皮肤疾病所具有的预防与治疗功能以及纺织品可能引起的皮肤过敏等内容进行了系统的介绍。虽然该书已经出版 16 年，但鉴于目前国内该领域研究工作比较薄弱，且相关专著甚少，将该书推荐给读者，使其从不同角度思考新型纺织品的开发与皮肤疾病的防治仍具指导意义。

该书翻译工作主要由廖青完成，张鸣雯完成本书第六章翻译工作。在本书医学术语的翻译上，译者得到了首都医科大学皮肤病与性病学系名誉主任连石教授的悉心指导和大力支持，在此向连石教授表示衷心的感谢。另外在本书的翻译过程中还得到了王晓宁、蒋金萍、沈亚萍的支持，在出版过程中得到了中国纺织出版社编辑们的帮助，在此一并致谢。由于我们的水平有限，翻译不当之处还请广大读者提出意见和建议。

译者　廖青

2019 年 5 月

序三

哲学家告诉我们：人类是“不完美生物”，这无疑是正确的，因为人类（智人）必须要想办法利用被称为织物的材料为自己设计被称为服装的“第二层皮肤”。精心设计的织物和服装，使人类能够生活在从撒哈拉沙漠到极地环境的地球上的大部分地区，能探索湖泊和海洋的深处以及月球，能在太空星际间遨游。服装也具有保护人类免受生存环境中有害物质伤害的功能。

几千年来，人们通过不断地设计新型纤维、纱线、织物，并不断地发展新的织物后整理技术来改善织物对人体的温湿调节功能。因此，织物可以被设计成为具有一个特定的无感排汗速率，以帮助皮肤保持在一个基本的体液水平或使人感到凉爽；具有特定的热失速率，使处于寒冷环境中的人体能保持在临界内部温度状态；能避免冷水浸湿皮肤使人体变得太冷；能吸收太阳紫外辐射和有毒气体；能完全阻止有害液体穿透，如含病原体的血液。目前，新技术可以生产出“智能”纺织品，纺织品能感知环境和身体功能的变化，并做出相应的反应。现在的纺织品可能含有一种对环境温度变化敏感的化学物质，当温度降低时可通过释放出热量做出反应。今天的纺织品也可能带有集成的传感器以检测心律不齐，通过向穿着者发出生理疾病警告做出反应。其他的纺织品也可能包含能从皮肤上吸收物质的载体分子、检测物质水平的变化，并通过向皮肤释放治疗性或修饰性物质做出反应。

然而，遗憾的是，“第二层皮肤”的穿着并不是没有问题的，潜在的健康危险仍然存在。如人们日常穿着的大多数织物都是可燃的，一旦意外点燃，就会烧伤皮肤；织物含有染料和化学整理剂，它们可能转移到皮肤上，引起过敏性接触性皮炎。织物能够充当一个“储藏器”，控制住一些潜在的有害物质，如靠近皮肤表面的杀虫剂，但被用作有害物质防护的织物在所有的穿着条件下可能都存在透湿透气性能差的问题。

近年来，已有大量关于纺织品与皮肤相互作用的报道，但这些信息非常分散，以致研究人员、皮肤病学家以及其他对这一重要课题感兴趣的人们检索困难。因此，我们认为将纺织品与皮肤相互作用的主要进展收集、整理、编辑成书是非常有意义的。既有益于人类对疾病的防御,也有益于对人类健康构成威胁的疾病的治疗。很遗憾,不是所有方面的内容都能够涵盖其中,希望大家能够认同我们所做出的合理选择。当然,随着纺织技术和皮肤生物工程的飞速发展,这一领域也将迅速发展,新的研究成果的出现也将是必然的。

编者衷心感谢作为作者和合作作者与读者分享经验的专家,最后我们还要感谢 Karger 公司巴塞尔分部的员工为本书提供的帮助。

彼得·埃尔斯纳
凯瑟琳·哈奇
沃尔特·维格尔－阿尔贝蒂
2003 年

目　录

1　皮肤病学家需要了解的纺织品知识

Maximilian Swerev
海恩斯坦研究院，伯尼希海姆，德国

1.1　纤维和纱线

1.1.1　概述

纺织纤维可以依据它们的来源和化学组成分为不同的种类。最基本的分类方法是分为天然纤维和化学纤维（图1－1）。

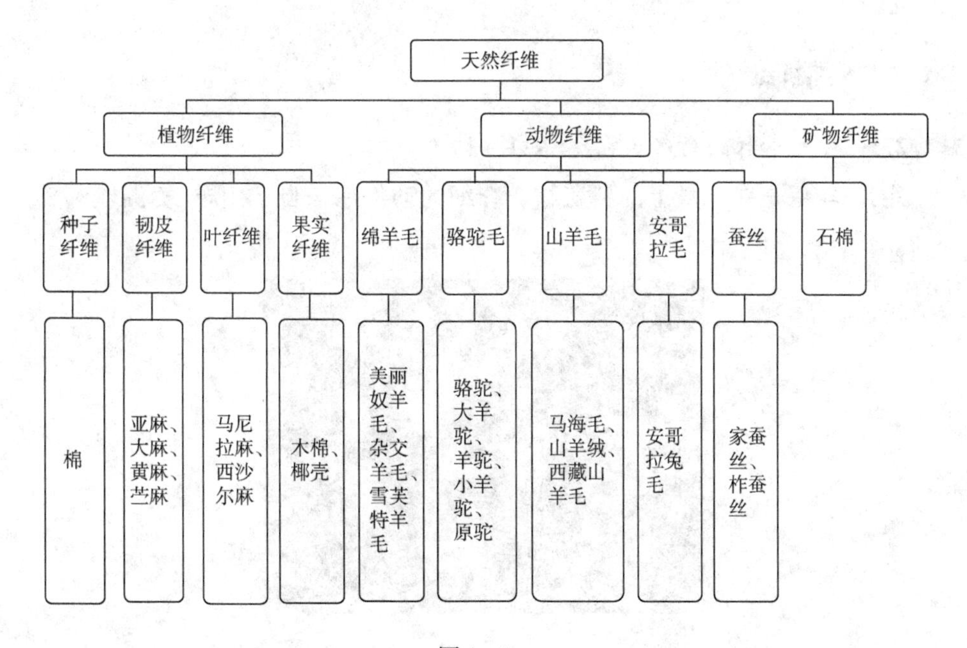

图1－1

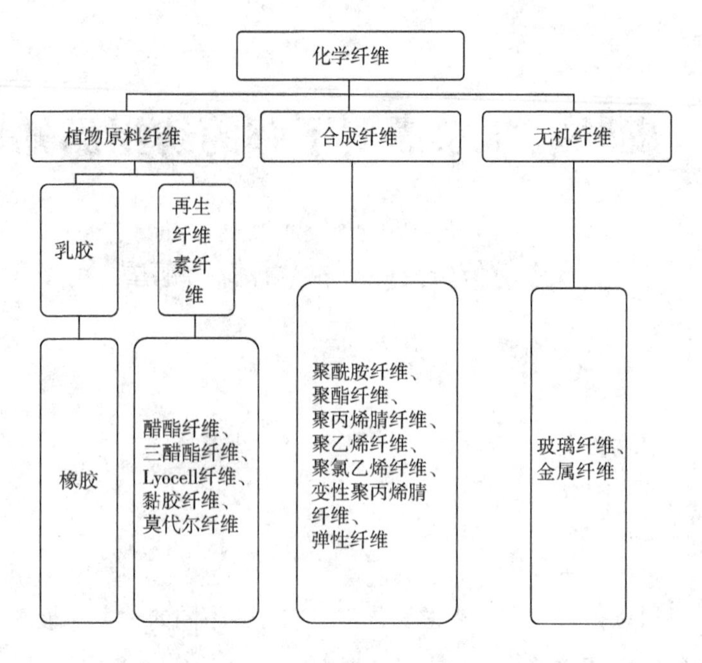

图 1－1　纺织纤维分类

1.1.2　天然纤维

1.1.2.1　羊毛和纤细的动物毛发(图 1－2)

定义:羊毛是绵羊身上的覆盖物。纤细的动物毛来自于山羊、美洲驼和安哥拉兔。

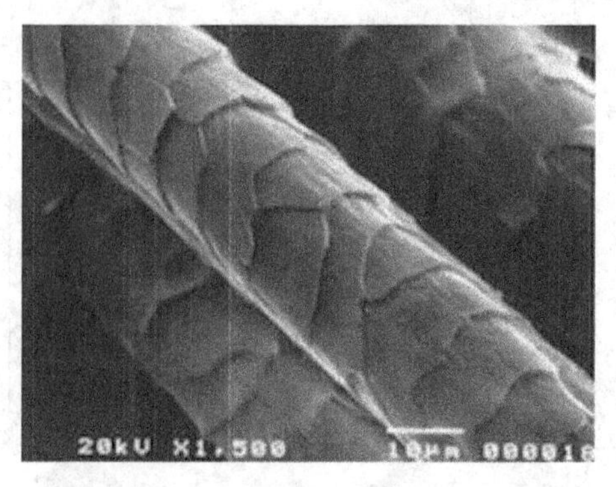

图 1－2　具有典型鳞片结构的细羊毛

纤维状的物质:各种羊毛和动物毛(如马海毛、羊绒、羊驼毛、骆驼毛、安哥拉兔毛)都是由角蛋白组成的,这种蛋白质由大约 25 种不同的氨基酸组成。由胱氨酸桥和氢键连接的分子链并不是直线型的，而是螺旋状扭曲的。这种分子链的卷曲被称为 α－螺旋结构，使羊毛和动物毛具有良好的延伸性和变形性。

形态：羊毛纤维和其他纤细的动物毛是由鳞片细胞、皮质细胞和细胞复合物三层组成。鳞片层（表皮层）下面是由纺锤状的位于纤维内部的细胞组成，被称为皮质细胞。皮质细胞是由密集的、长 80～100μm、宽 3～6μm 的纺锤体状细胞构成，它又分为两种不同类型，即正皮质细胞和副皮质细胞，它们的双侧结构导致了羊毛纤维的卷曲。皮质细胞由 150～200nm 厚的巨原纤组成，巨原纤又由大约 7nm 的微原纤构成，粗纤维的内部有圆柱形的髓腔。

1.1.2.2 蚕丝（图 1－3）

定义：蚕丝是由蚕生产的。由家蚕的茧和野生柞蚕的茧产出的纤维是有区别的。

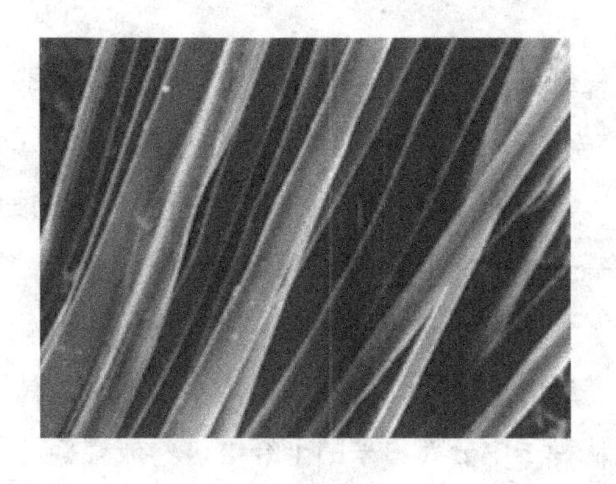

图 1－3 蚕丝（家蚕）

纤维状物质：蚕丝由丝心蛋白组成，它是一种由 18 种氨基酸组成的蛋白质。生丝被丝胶所覆盖，丝胶也是一种蛋白质，但不同于丝素蛋白，丝胶是水溶性的。

来源：蚕从两个吐丝腺分泌出最初是水溶性的蛋白质分泌物，并将自己包裹在其中。作为纺纱时延伸和拉伸的结果，丝素蛋白分子的重排和取向导致了从流动的丝素蛋白到部分结晶的纤维状丝素蛋白的转变。

形态：丝素蛋白长丝是由形成微原纤和原纤的聚合物分子构成，丝素蛋白链是紧密排列的褶裥片状结构。

纤维形状：蚕丝是一种由丝胶包裹的双丝，丝胶通常在脱胶过程中被去除，留下单纤维。家蚕丝光滑而无定形，单丝的横截面是完整的三角形。相比之下，柞蚕丝则具有条纹状的表面结构和扁平截面。

1.1.2.3 棉纤维(图1-4)

定义:棉纤维是锦葵属科植物家族中成员之一的棉花的种子绒毛。

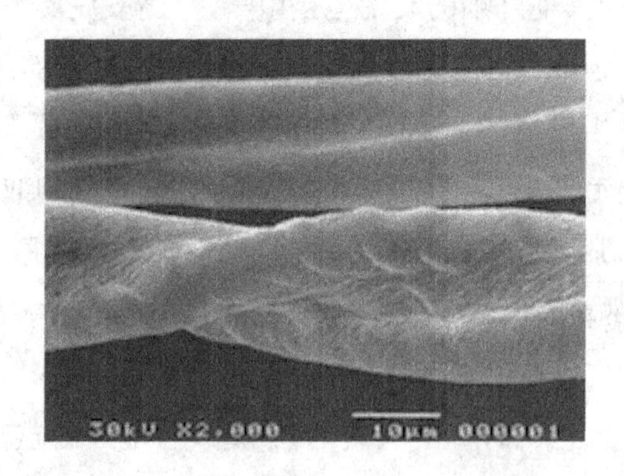

图1-4 呈现明显旋绕结构的棉纤维

纤维状的物质:棉纤维是一种天然的纤维素纤维,这种非水纤维由大约95%的纤维素组成。纤维素的基本构成是葡萄糖,由7,000~14,000个葡萄糖连接起来构成的丝状链分子。这种纤维素分子的排布平行于纤维的轴线,彼此由—OH基团形成氢键而连接在一起。

形态:纤维素链分子捆绑在一起形成微胞,微胞又形成原纤维和片晶,第一、第二和第三层壁构成的纤维壁层由片晶形成。微胞间的区域含有非结晶的纤维素物质。

纤维形状:已经从种子中分离出来的干纤维被卷成螺旋的形状,并具有腰圆形的横向截面。

1.1.2.4 亚麻(亚麻布)(图1-5)

定义:亚麻纤维来源于亚麻植物的茎,被称为韧皮纤维。

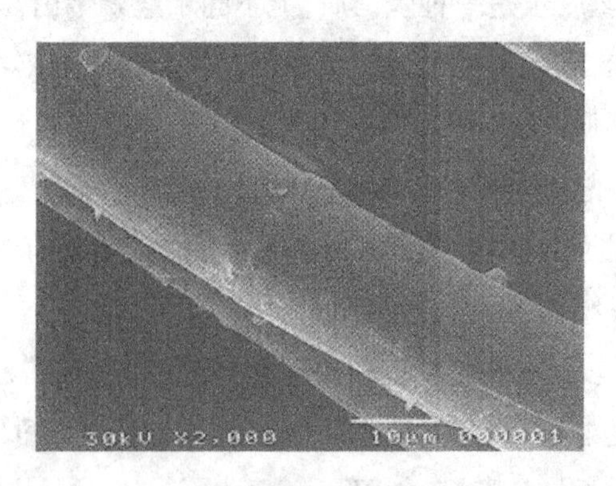

图1-5 具有典型竹节结构的亚麻纤维

纤维状的物质:亚麻纤维的主要组成是纤维素。纤维素含量为65% ~98%,它取决于亚麻纤维生产过程中杂质分离的程度。果胶是亚麻的另一个主要成分,它将亚麻的单个细胞连接成长纤维。

形态:棉花是由单细胞纤维组成,而亚麻纤维则由多细胞构成。一个个细胞被果胶连接在一起形成细胞束,而单个细胞与棉纤维具有相似的结构。

纤维形状:这种纤维具有光滑的表面,但其独特的纠缠和竹节可以在显微镜下观察到(图1-6)。

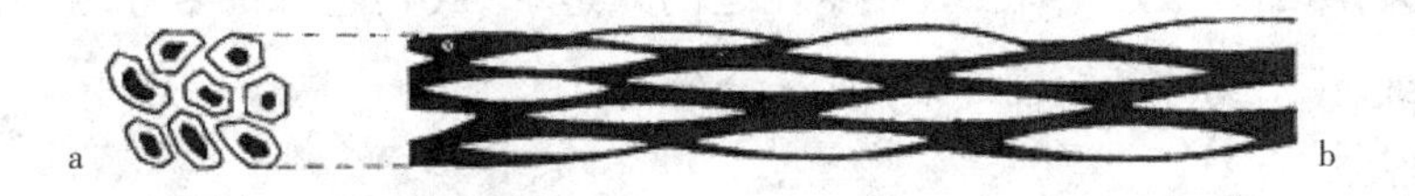

图1-6　长纤维亚麻示意图(a为横截面,b为纵剖面)

1.1.3　化学纤维

1.1.3.1　黏胶纤维(图1-7)

定义:黏胶纤维是用黏胶法由纤维素纺成的人造纤维,被称为再生纤维素纤维。

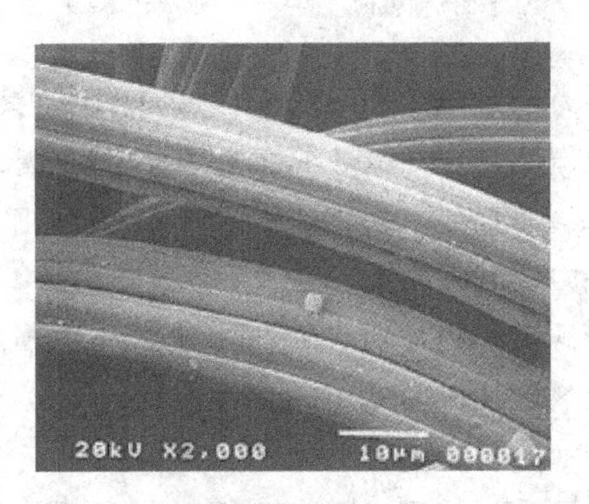

图1-7　黏胶纤维

纤维状的物质:黏胶纤维是由木纤维素或棉短绒(不能纺纱的短棉纤维)制成,它们经过不同的化学试剂处理制成可纺丝的溶液,在凝固浴中经喷丝孔喷射出来成纤。纺丝后,清洗原丝、去硫,在这个过程中,用于生产纺丝溶液添加的化学品被去除。经过拉伸，随着分子链（链长 200～600）取向并形成横向键，纤维素纤维获得强力。

形态：再生的纤维素链分子捆绑在一起形成微胞和原纤维，其间隙则充满非结晶物。

纤维形状：黏胶纤维通常是一种长丝，但也可经过切断或牵切加工生产短纤维。它的横截面有圆形、叶状或扇形，因此从纵向上看是有条纹的。

1.1.3.2 醋酯纤维（常规醋酯纤维）（图 1－8 和图 1－9）

定义：醋酯纤维是一种由纤维素制造的人造纤维（再生纤维素纤维）。它也是由棉短绒（不能纺纱的短棉纤维）或 α 纤维生产的。

图 1－8 醋酯纤维的横截面

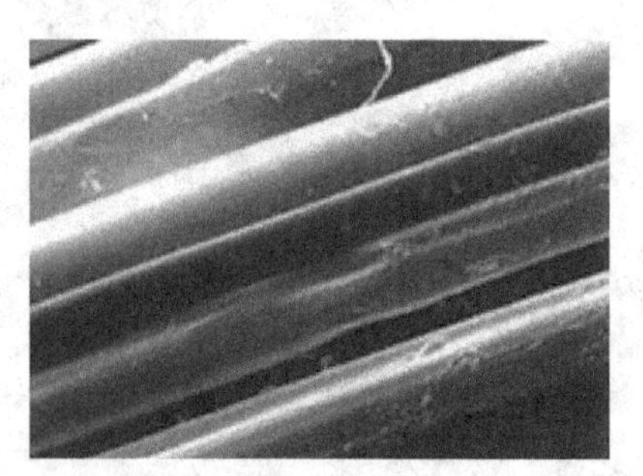

图 1－9 醋酯纤维的纵向表面

纤维状的物质：为了生产醋酯纤维，α 纤维在乙酸和浓硫酸存在下用乙酸酐酰化，生成三醋酯纤维，即纤维素的—OH 被酯化。生产常规醋酯纤维，三醋酯纤维要经过部分的皂化生成 2.5 醋酯纤维，它是每个葡萄糖单元中平均有 2.5 个乙酰基的单酯、二酯和三酯的混合物。

纤维形状：纤维具有典型的纵向条纹和叶状的或扇形的横截面。

1.1.3.3 聚酰胺纤维（图 1－10）

定义：聚酰胺纤维是由线型大分子组成的合成纤维。

纤维状的物质：聚酰胺纤维可以通过氨基酸或内酰胺聚合生产，也可以通过二元胺与二元羧酸缩聚得到。聚酰胺 66 是由己二胺和己二酸聚合生产而成。聚酰胺 6 的原料只有一种物质：ε－己内酰胺。聚酰胺 6 和聚酰胺 66 是最常见的聚酰胺纤维。聚酰胺纤维具有与羊毛和丝相似的酰胺键连接结构，纺丝过程中的牵伸和定型使其大分子沿纤维轴形成很好的结晶和取向，从而获得纤维良好的稳定性。

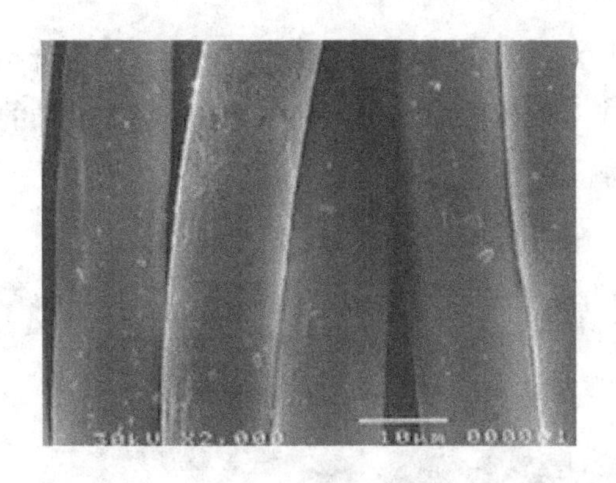

图 1－10　聚酰胺 66 长丝的纵向表面

纤维形状：与所有合成纤维一样，聚酰胺纤维是以长丝生产，但可以通过切断或牵切工艺生产具有特殊用途的短纤维。尽管纤维是光滑和无结构的圆形截面，但也有多瓣形截面的。

用途：聚酰胺纤维及其混纺织物可用于加工内衣或外套。

1.1.3.4　聚酯纤维（图 1－11）

定义：聚酯纤维是由线性大分子组成的合成纤维。

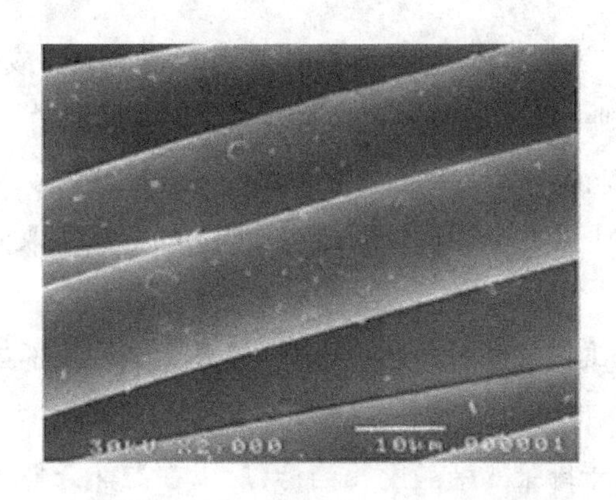

图 1－11　聚酯纤维长丝的纵向表面

纤维状的物质：聚酯纤维是通过二元羧酸和乙二醇酯化、缩聚而成。最常见的原料是对苯二甲酸和乙二醇。热定型的牵伸和加热过程决定了大分子沿纤维轴的结晶和取向，其良好的结晶性能导致纤维的高堆积密度，使纤维具有良好的稳定性、伸缩性和热稳定性。

纤维形状：聚酯纤维以长丝生产，但可经切断或牵切工艺加工成混纺用的短纤维。从纵向来看，因为它们具有圆形的横截面，聚酯纤维是光滑而无结构的。聚酯纤维也可以被生产成多种横截面，有些是中空的。化学纤维的变形工艺可以使光滑的聚酯纤维具有永久性的卷曲。

1.1.3.5 聚丙烯腈纤维（图1－12）

定义：聚丙烯腈纤维是由加成聚合反应形成的线型高聚物构成的合成聚合物纤维。

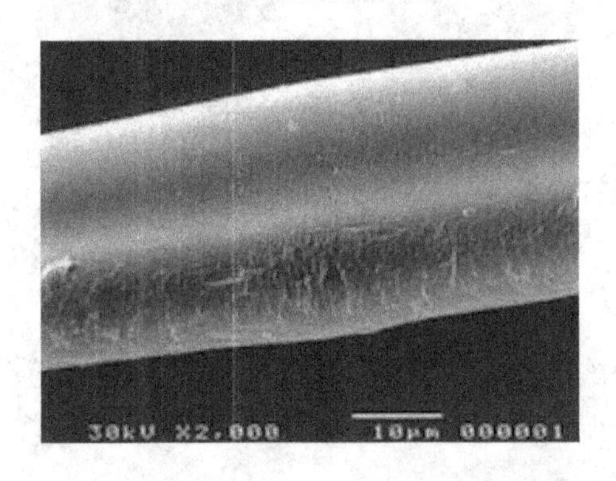

图1－12 线型聚丙烯腈大分子构成的长丝的纵向表面

纤维状的物质：聚丙烯腈纤维包含由纯聚丙烯腈构成的或者是至少含85%的聚丙烯腈构成的合成纤维。聚丙烯腈是由丙烯腈聚合形成的。聚丙烯腈纤维可以是干法纺丝也可以是湿法纺丝生成。纺丝后，长丝或丝束在155～175℃条件下拉伸到原长度的6～10倍生产人造短纤维，这引起分子链的取向，增加了纤维的稳定性。

纤维形状：从纤维横截面看，聚丙烯腈纤维是无结构性的或是具有纵向沟槽，这样纤维也可以沿纵向开裂或形成多孔。

性能和用途：由于纤维的结晶度相当低，所以在湿热条件下纤维很容易变形。通过控制拉伸和定型过程，可生产膨化纤维。具有不同收缩性能的聚合物生成的双组分纤维可用于生产卷曲型纤维。由于膨化这种纤维是可能的，所以聚丙烯腈纤维被优先选用制造仿羊毛材料和起绒物品。

1.1.3.6 弹性纤维（图1－13）

定义：弹性纤维（聚氨酯弹性纤维）是由至少85%的嵌段聚氨酯组成的高分子纤维。

纤维状的物质：聚氨酯纤维的弹性是由于其聚合物链的嵌段结构，该结构可通

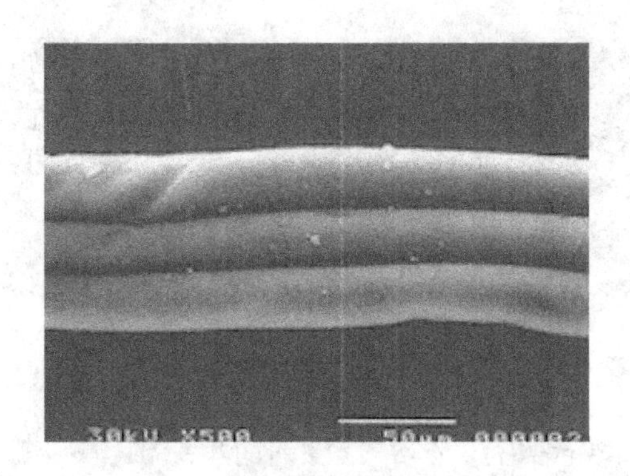

图 1－13　由几条单独的长丝形成的弹性纤维

过二异氰酸酯的加成聚合过程形成。在纤维分子内部，“硬的”聚氨酯和“软的”嵌段长链轮流交替，使纤维具有超高弹性拉伸性能，当张力取消后，拉长的软段恢复到原来状态，使纤维拥有超高弹性和弹性回复性。

纤维形状：单纤维具有圆形的横截面。这种纤维非常细，由几根单纤长丝一起组成。

性能和用途：在弹性纺织品领域，很大程度上聚氨酯纤维已经取代了橡胶纤维。材料的高弹性能被广泛地应用于女性紧身胸衣、泳衣、运动衣以及外套的拉伸物品上。

1.1.4　纱线

无论机织物还是针织物，纤维必须要先制成纱线。

1.1.4.1　纱线种类

细纱是由短纤维构成的。只要这些纤维排列成长的圆柱形结构，它就可以被加捻，使其强度大到足够生产织物。第一次加捻生成的是单根细纱（图 1－14），当把两根或更多的单根细纱放到一起加捻时就形成了合股纱（图 1－15）。

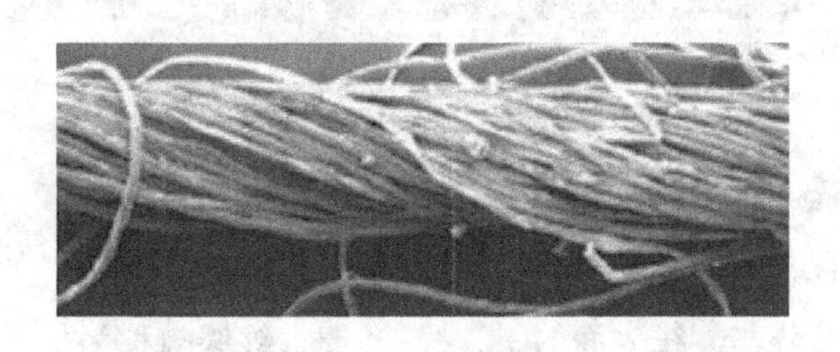

图 1－14　单根细纱

图 1－15　合股纱(折叠类型)

生产的大多数细纱都具有“平均”捻度的简单结构,减少捻度可生产更柔软的织物,而增加捻度可生产起皱的织物。

长丝纱线由长丝纤维构成,它们可以是人造长丝,也可以是蚕丝。长丝纱线通常没有什么捻度,因为它既不需要,也不可取。高捻度的长丝经常被用于制造起皱织物。

由加工生产的纤维组成的长丝纱线分为光滑长丝纱线和变形长丝纱线。光滑长丝纱线含直的长丝,而变形长丝纱线含卷曲长丝(图 1－16)。变形长丝纱线是蓬松的,由于内部有空气,因此具有比光滑长丝纱线更高的弹性和保温性能。因为皮肤接触变形长丝纱线制造的织物时比接触光滑长丝纱线制造的织物感觉更好,更温暖,因此变形长丝纱线的生产量要大得多。像细纱一样,光滑纱线和变形纱线也可以一起加捻形成合股纱。

图 1－16　变形长丝纱线本身有卷曲

1.1.4.2　纱线加捻

加捻的方向有 S 向或 Z 向,可由纱线表面的视觉观察确定。如图 1－17 所示,当字母 S 的中心部分与纱线表面的斜纹线一致时,纱线被称为是 S 型加捻;当字母 Z 的中心部分与纱线表面的斜纹线一致时,被称为 Z 型加捻。

用于服装织物的大多数纱线是单纱,所以只需要一个 S 型或 Z 型的加捻操作即可。事实上加捻方向对单纱性能没有影响。当在同一织物中使用相反捻向的单纱时,所得织物为起皱织物。合股线(合股纱的一种)生产中,2 根或更多根纱线(被称为 1 股)合在一起加捻,通常每股的加捻方向与合股的方向是相反的,因为这样可以防止纱线的绞缠。合股线趋向用于质量要求高的运动服装织物。缆线(第二类合股纱)生产中,多根合股线一起加捻,通常一起加捻的方向是与每根合股线的加捻方向相反的。缆线罕有用于服装织物。

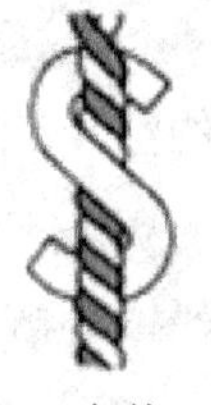

图 1－17　纱线加捻方式

1.2　织物

根据纤维和纱线制成织物工艺的不同,织物可分为:机织物、针织物、非织造布和毛毡织物。

1.2.1　机织物

一件机织物至少由两个纱线系统互为直角交织形成。这些纱线系统可以是由短纤纱线也可以是长丝纱线构成。织物长度方向上的纱线叫经纱,横穿宽度的纱线叫纬纱。机织物中经纱和纬纱交织的方法叫织法。有三种基本的织法:平纹织法、斜纹织法和缎纹织法。

平纹织物:在平纹织物中,每条经纱交替地位于纬纱的上方和下方,每条纬纱也交替地位于经纱的上方和下方。如图 1－18 所示。

图 1－18　平纹织物

斜纹织物:在斜纹织物中,经纱和纬纱要跳花(浮经、浮纬)。换言之,它们在每次再编结前都要跳过几根经纱或纬纱。由于这些交织点是有规律排列的,就在织物表面形成斜向的纹路,也称为斜纹线。如

图1 –19 所示。

缎纹织物:长的浮经纱或浮纬纱是这种织法的特点。虽然织物中的这些交织点是有规律分布的,但它们并不接触,所以就没有斜纹织物的"凸起条纹"特征。相反,在织物的浮线这一侧不会发现交织点。如图 1 –20 所示。

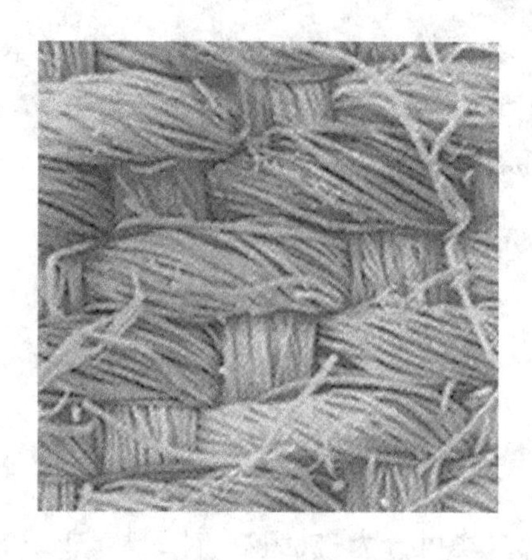

图 1 –19　斜纹织物

图 1 –20　缎纹织物

1.2.2　针织物

针织物是所有手工针织物和机器针织物的统称。针织物可以通过互锁线圈辨认。与机织物一样,其纵向和横向是有区别的。垂直方向上的纱线线圈被称为纵行,水平方向上的线圈被称为横列。如图 1 –21 所示。

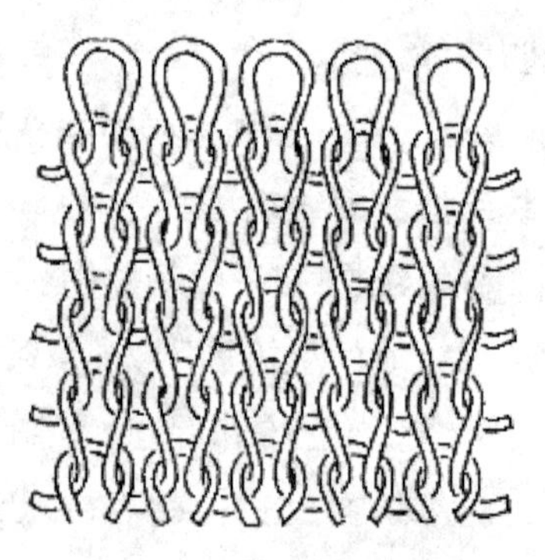

图 1 –21　针织物基本结构

针织物有两种基本类型。

纬编针织物:在机器针织物样品中,线圈是通过纱线沿横向形成的。如图 1 –22 所示。

经编针织物:在经编针织物中,针将纵向移动的经纱连接在一起形成线圈(图 1 –23)。

针织产品采用多种编织技术,可以生产结构迥异的针织产品,以满足各种时尚需要。

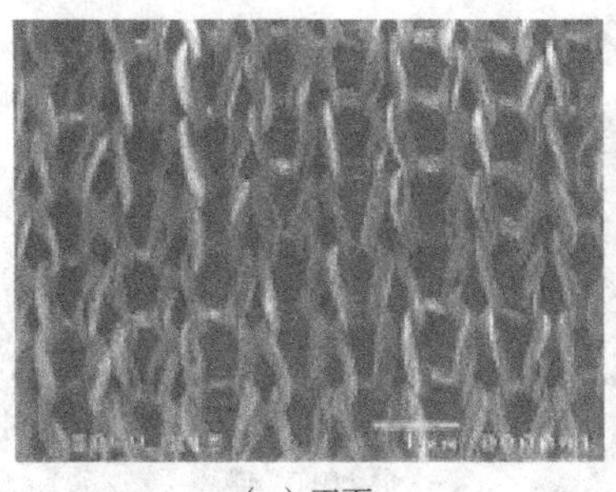
（a）正面

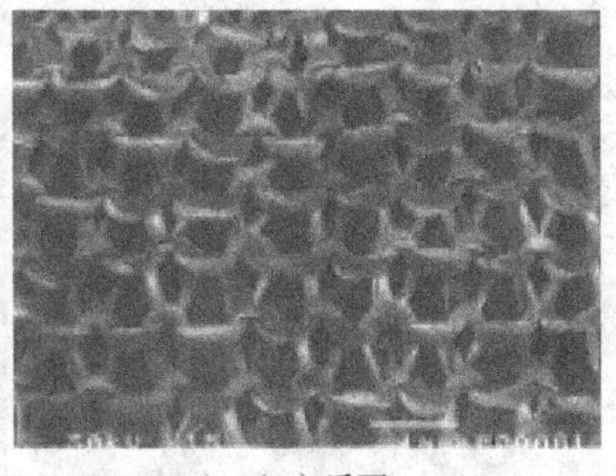
（b）反面

图1－22　纬编针织物

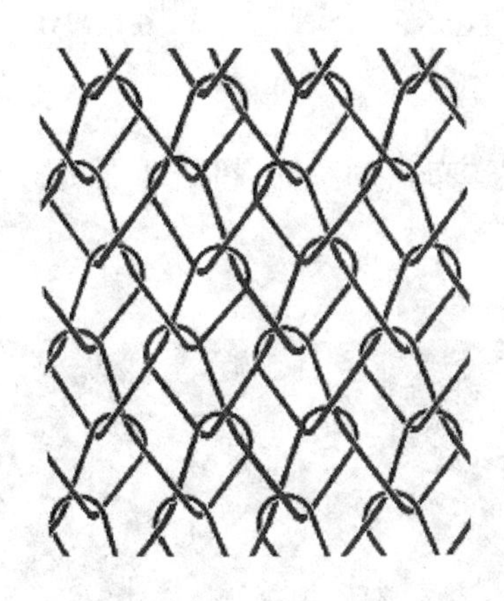

图1－23　经编针织物

1.2.3　非织造布和毛毡织物

非织造布和毛毡织物是通过将随机铺设的纤维材料黏合在一起形成的。非织造布一般用机械、化学或热处理方法黏结的纤维构成，但毛毡织物倾向于用羊毛或其他动物毛制得。就毛毡来讲，这种黏结是羊毛组分所特有的，这个毡化工艺是通过含水媒介中的机械作用完成，并没有使用黏合剂。如图1－24所示。

合成纤维倾向用于制造休闲夹克和外套的非织造布，如滑雪服和运动衣。因为松散的结构而包含大量空气的蓬松的非织造布的黏结是利用机械作用来完成的。例如，通过针刺和黏合剂的作用，使纤维黏合的小滴黏结剂也因此黏附在这些非织造布的纤维上，如图1－25所示。

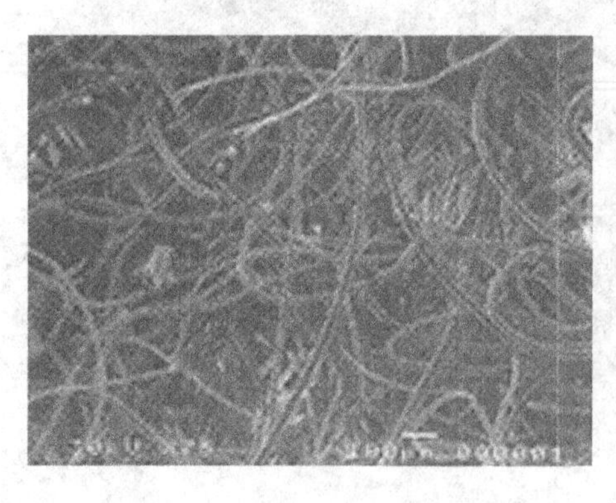

图1－24　羊毛毡：纤维显示了紧密的交错

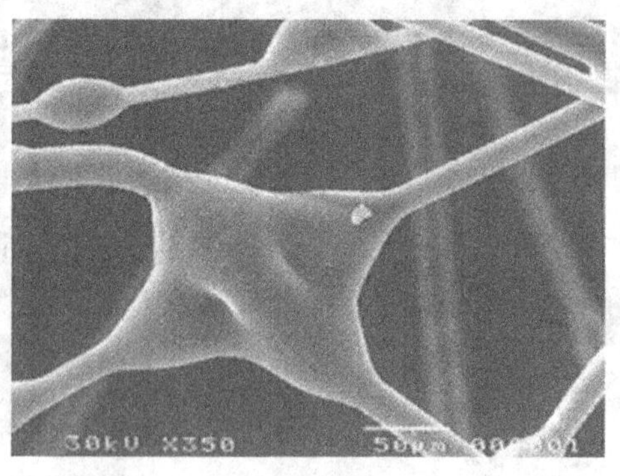

图1－25　黏合剂将纤维粘合在合成非织造布中

仿麂皮也是一种非织造布，它们是由超细纤维交织绒生产并用聚氨酯黏结而成。如图1－26所示。

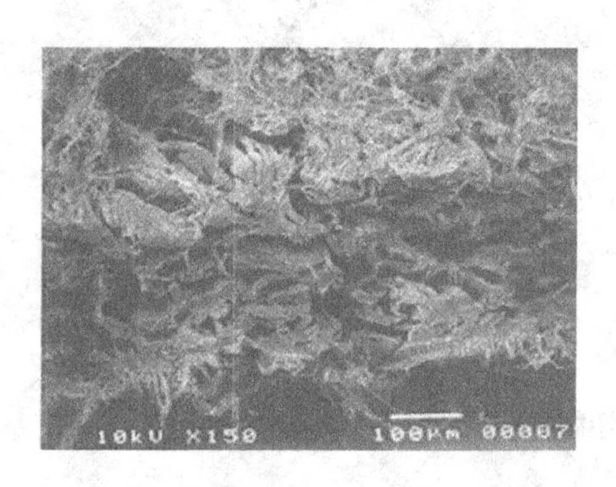

图1－26　由超细纤维交织绒组成的仿麂皮横截面

1.3　纺织和化学后整理

为了实现纺织品的终端性质，白坯布或下机状态织物要经过机械的和（或）化学的后整理，这些过程见图1－27。

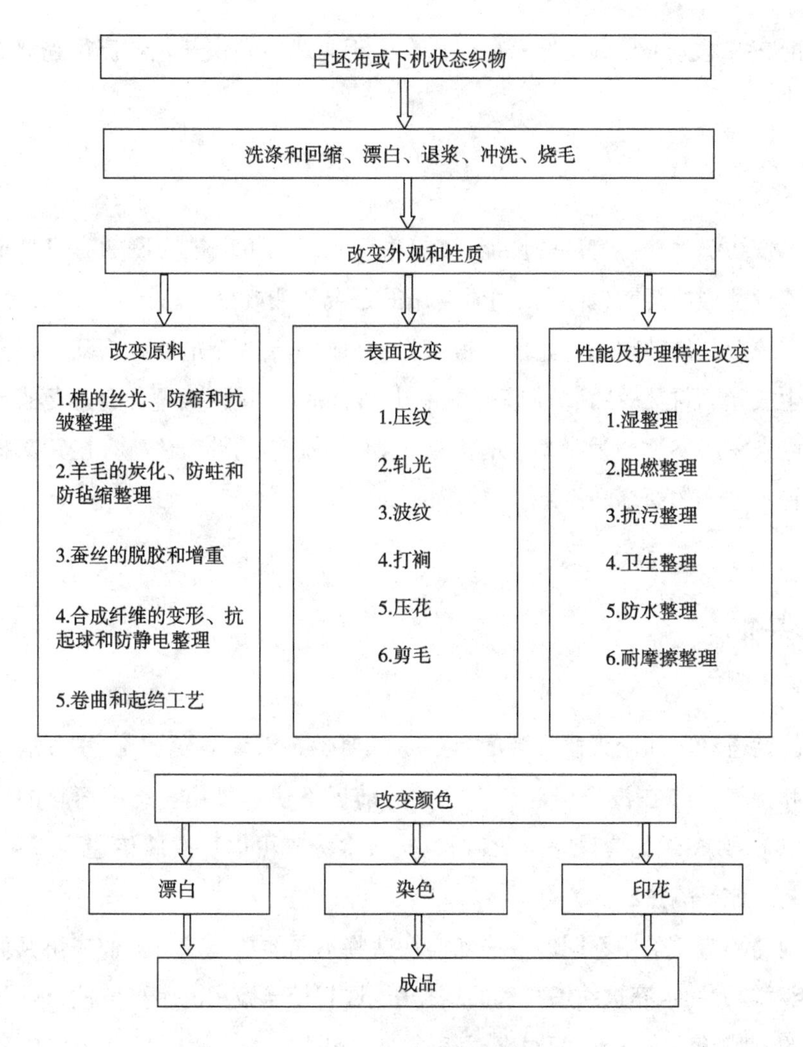

图 1-27　织物后整理过程

1.3.1　染色

纺织材料的染色可以在生产过程的纺丝、纤维、纱线或织物等阶段来完成。着色可以通过在被染色材料上发生或不发生化学反应的直接染色来实现,也可以通过固体染料微粒的应用来实现。虽然没有绝对的色牢度,但不同的染色选择使其达到最佳色牢度以满足适当的需要是可能的。例如,在使用周期中,装饰织物需要特别的耐日晒色牢度,染色内衣需要良好的耐汗渍色牢度,而染色的毛巾织物则需要出色的耐水洗色牢度。

目前在技术上可行的良好染色方法会由于高成本和快速化的流行趋势而受到限制。

1.3.2 涂层

为了使纺织品获得特殊的性能,机织物和针织物可以被交联的有机高聚物所构成的连续薄层所覆盖(涂层),通常使用的是聚氨酯或聚氯乙烯。

涂层一般利用转印工艺完成。换言之,合成的薄膜首先是在基础材料上由涂层浆料生成,然后再黏结到织物基底材料上,它可以通过再次塑化合成薄膜或应用胶黏涂层来完成。被称为遮光布的涂层织物也被应用于装饰织物,在其基材上发现了一种不透光的丙烯酸涂层。

1.4 其他

功能性运动服和全天候服装的目的是既要保护着装者免遭雨、雪、风,也要允许热量和湿气(汗)在没有引起寒冷感觉的前提下快速排出。纺织面料的结构必须满足以下要求:织物应该完全防风和防水;水蒸气可以从皮肤传递到服装外部;冬季服装应该是隔热的。

不同的制造商采用不同的方法来实现这些不同的功能。对他们来讲共同的一点是:相对较大的水滴被纺织材料的结构所阻挡,相当微小的水蒸气能够通过极细纤维间的缝隙、微孔或分子间隙穿过织物扩散出去。图 1-28 所示为膜的作用机理,图 1-29 所示为 Gore-Tex 膜的微观结构。

能释放水蒸气的织物通常被称为是“透气的”,但只有当服装的“内”与“外”的空气湿度(即水蒸气的密度)和温度有差别时,水蒸气的传输才能实现。水蒸气从皮肤穿过衣服转移出去,被服装所吸收或被周围空气快速吸收,例如,超细纤维或层压材料制成的纺织品能满足这些需求。

1.4.1 超细纤维织物

超细纤维织物是由束成的极细的长丝纱线(0.1~0.5dtex)制成,通常由聚酯构成不太常见的聚酰胺。超细纤维的线密度(与纤维的不同强度)以及纤维之间

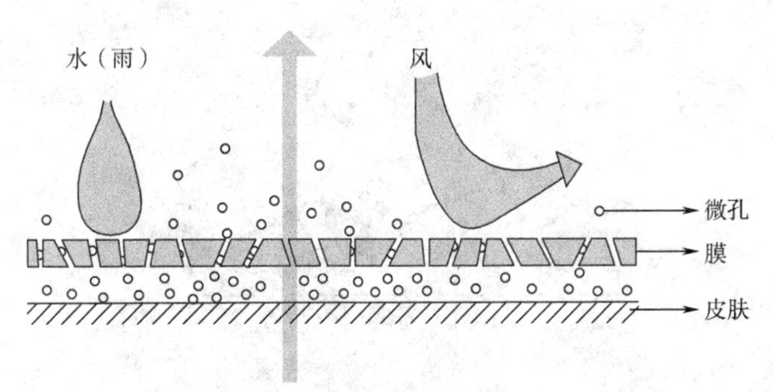

图 1－28 膜的作用机理

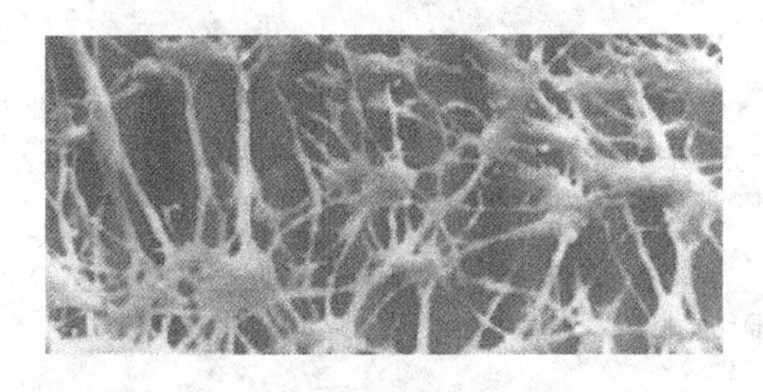

图 1－29 Gore－Tex 膜的微观结构

的抱合作用使得它们可以如此紧密地靠在一起以形成微小的间隙。聚酯和聚酰胺由于其润湿性较差而具有非常好的防水作用，因此，超细纤维织物不需要涂层。

特殊性能：超细纤维织物有非常好的手感和自然的光泽，可水洗也可干洗，容易制备紧密织物。

图 1－30 所示为防水透气织物，图 1－31 所示为织物背面的微孔涂层作用机理。

（a）雨点从织物上滑落

（b）水蒸气从微细孔排出

图 1－30 防水透气织物

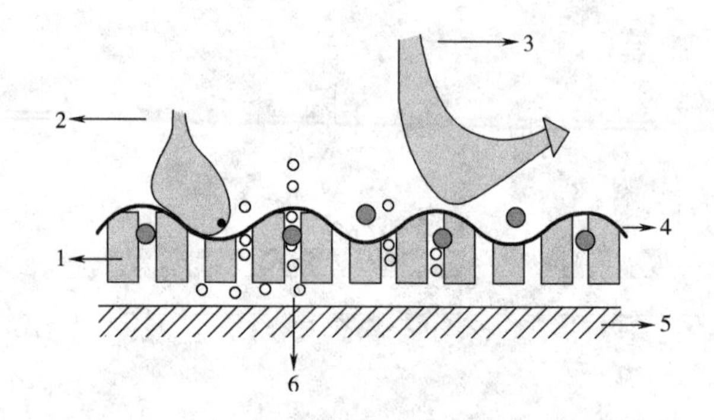

图 1-31　织物背面的微孔涂层作用机理

1—涂层　2—雨水　3—风　4—材料　5—皮肤　6—水蒸气

1.4.2　薄膜层压织物

薄膜层压织物是由两层或三层组成。核心层是由带微小细孔的膜形成的一层薄膜(如 Aditex, Gore-Tex),或者是一种改性的分子结构(如 Sympatex)。这层膜与一层或两层附加材料层连接在一起。

两层型:织物外层或者内层与薄膜层黏结。

三层型:薄膜层松散地放在外层织物和里层材料之间,或者牢固地与一边或两边的材料黏结在一起(胶黏剂黏结或热封)。被用于生产这种薄膜的材料有:聚酯(如 Sympatex)、聚氨酯(如 Aditex)和聚四氟乙烯(如 Gore-Tex)。图 1-32 所示为 Gore-Tex 层压织物示意图。

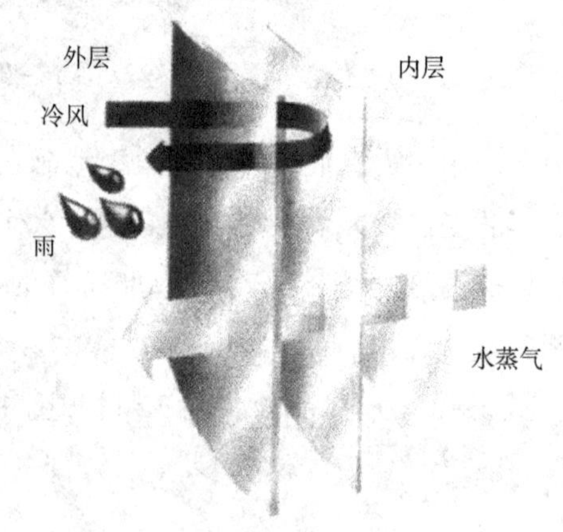

图 1-32　Gore-Tex 层压织物示意图

加工层压材料时,必须非常小心牢固地热封所有接缝处,以防止有开封的地方。尽管它们具有良好的耐用性能,但防水薄膜对如切割和撕裂这样的机械损伤非常敏感。苛刻的水洗或干洗也会影响织物的功能。如果接缝或褶边或成品发生了改变,其防湿性能将得不到保证。因此,纺织生产厂家通常都会将接缝重新密封。

功能性系统:只有当皮肤和外衣之间的服装也被考虑时,我们才能保证功能性运动服装的最佳效果。高吸湿纤维(如 Dunova)可以快速吸收水分并储存它,使水分能慢慢地向外扩散。如果在高吸湿纤维和皮肤之间有一个能使水气迅速散发而不储存的纤维系统,那皮肤就会感到"干燥",并且不会因水蒸气的蒸发而感觉到凉。

图 1-33 为由合成纤维组成的高吸湿层压织物功能系统。

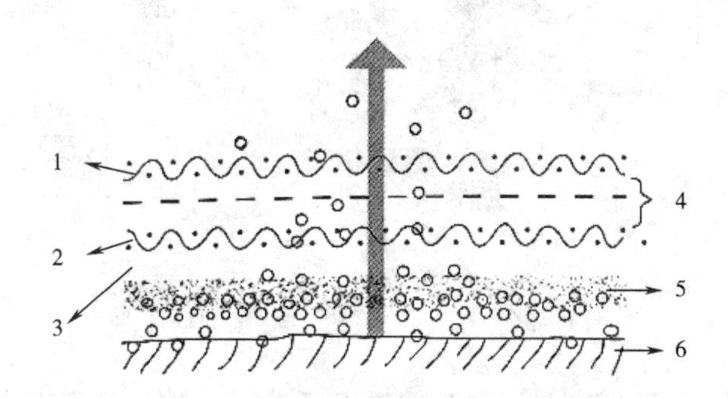

图 1-33　由合成纤维组成的高吸湿层压织物功能系统(如 Punova)

1—外层织物　2—薄膜　3—织物里层　4—层压织物　5—高吸湿纤维　6—皮肤

1.5　服装生理学

服装的生理学功能对穿着者的生产和健康起着决定性的作用。生理学的穿着舒适性包括三个方面,即热生理学舒适性、皮肤感觉舒适性和人体工学舒适性。人体工学舒适性关系到服装的合体、活动的自由以及进行所有必要的身体运动的能力。

图 1-34 所示为热生理学和皮肤感觉的舒适性。

作为一个恒温生物,人类依赖于保持身体内部温度在很窄的范围内恒定。为了感觉舒适(热生理学的),必须存在一个热生成与损失的平衡。如果没有身体的热平衡,身体的内部温度就会变化。所以舒适并不是完全的主观感觉,它依赖于人体的生理学过程。

人体热量的产生取决于我们工作的强度,即新陈代谢率。人体大约 10% 的热量损失是由于呼吸造成的,而主要的则是通过皮肤进行,由以下两种方式之一完成:一个是由辐射和热传导组成的干热转移,另一个是由于汗水蒸发(水分转移)

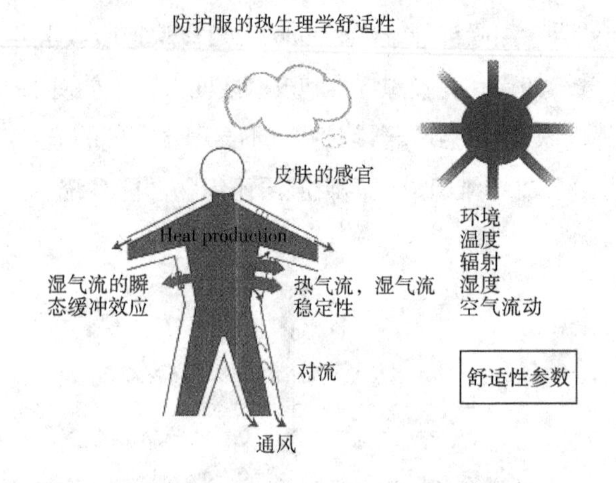

图 1-34　热生理学和皮肤感觉的舒适性

的湿热流出。在这两种情况下,热都通过了服装。热散失的程度依赖于织物纤维的组成和纱线与织物的结构。

服装的剪裁也会影响温度调节,从而影响穿着者的舒适感:在织物与皮肤之间和服装上都存在着空气层,它们可循环(对流)或与周围空气交换(通风),对流和通风随着着装者的移动而增加。有效的热湿传输是被增强还是阻止,依赖于服装的剪裁(宽度和服装的开口)。

皮肤的感官特性是基于与热生理学特性完全不同的因素。皮肤的舒适感取决于纺织品与皮肤的直接接触,令人愉快的感觉(如柔软或光滑)以及不愉快的感觉或刺激性(如僵硬感、抓挠感、刺痒感或对出汗皮肤的粘贴感)都可能发生。要评估服装系统,这两个方面的舒适性都应考虑。

确定服用舒适性时,需要区分三种情况,即正常穿着情况(没有感觉到出汗)适当的体力活动(感觉到有一定程度的出汗)和剧烈的体力活动。利用"皮肤模型"对这些情况进行模拟,确定各个情况下的特征参数,并将其换算成服用的舒适性等级。

对每一种情况而言,以下参数需要决定:隔热性、抗透湿性、吸湿性、湿平衡参数、缓冲参数、排汗和干燥时间。为了确定皮肤舒适感等级,黏性指数、表面指数、润湿指数、织物与皮肤间接触点数目和硬挺度都要进行测量,服用的皮肤舒适感等级由此计算得到。

1.6　未来趋势

生物活性纺织品是新型的、创新性的纺织产品，它们正在扩展过去纺织品应用的边界，它们以全新的后整理类型为基础，发挥着“储藏系统”的作用。在人们的穿着过程中，它们能从储藏系统中持续不断地释放小剂量的对皮肤有保护或治疗作用的活性物质。除了在美容和预防方面的应用外，这项技术在治疗职业性皮肤病（德国约800万人）和神经性皮炎（约200万人）方面有特殊疗效。

除了已经知道的固定超分子宿主结构的原理之外，还有许多基于从纺织系统中储存和释放活性物质的其他方法。海恩斯坦研究院正在研究利用水溶液使活性物质与皮肤接触的方法，这些水溶液被包含在纳米胶囊的溶胶—凝胶层中，或者将活性物质储存在具有网络结构的吸水聚合物中，固定在纤维上。

生物活性纺织品开辟了纺织系统医学应用的新领域，这需要基础研究与医学研究的紧密合作，在海恩斯坦研究院的“Dermatex”能力中心已经形成这样的合作组织框架。

2 纺织工程师需要了解的人类皮肤知识

Peter Elsner

德国耶拿市弗里德里希·席勒大学皮肤科

为了更有效地与皮肤学专家进行交流，纺织工程师应该对皮肤的解剖学、生理学以及皮肤的微生物学、表皮不耐受反应的发病机理有一些基本的了解。皮肤具有许多生理功能，对纺织工程师和皮肤科医生都很重要（表2－1）。纺织品应有助于这些生理功能，在正常的和合理可预见的使用条件下，它们不应该对人类的健康产生威胁。

表2－1　皮肤的生理功能

1. 屏障功能	对身体周围环境而言：保护身体免受物理的、化学的和生物的影响 对身体内部而言：保护身体免受水分和体内物质的流失
2. 体温调节	
3. 代谢作用（如维生素 D_3）	
4. 免疫反应器官	

2.1 人体皮肤解剖学

皮肤是人体最大的器官。成年人的皮肤表面积为 $1.8m^2$，重 10kg。皮肤可以分为三个部分：表皮是外面的保护层；真皮提供机械稳定性并包含重要的功能结构，如血管、淋巴管、神经和附件等；皮下组织主要由脂肪组织组成，并提供真皮和身体更深层结构之间的连接，如筋膜和肌肉等。

表皮和真皮通过表皮突（表皮部分）和真皮乳头（真皮部分）互相紧密地交错镶嵌，这个界面被称为表皮—真皮连接区，具有非常特殊的超微结构。

2.1.1 表皮

图 2 – 1 所示为光学显微镜下所见的表皮结构示意。

表皮的厚度因身体区域的不同呈现非常大的差别（在 0.1 ~ 1mm 之间），它取决于角质层的厚度，角质层的厚度在手部和脚部最大。基底层是由具有增殖能力（生发层）的立方细胞组成。棘细胞层位于基底层的上面，它由远低于基底层有丝分裂率的 2 ~ 5 个细胞层组成。在超微结构方面，该层中存在固定在桥粒上的张力微丝，这解释了组织固定之后角质形成细胞的棘突外观。更进一步的细胞内部结构是角质透明蛋白粒和奥德兰小体。在颗粒层中，细胞变平，在该层中，奥德兰小体所含的脂肪被挤压到细胞间隙中形成脂质双层膜的堆积，作为皮肤屏障功能的形态学基础。角质层是由 10 ~ 20 层鞘细胞组成的皮肤最上层。角质层细胞没有细胞核，越接近表面细胞间的凝聚力越小，从而造成宏观上细胞的隐形脱落。表皮更新是持续的过程，在正常情况下该过程需要 28 ~ 40 天，但在患某些疾病的情况下，如牛皮癣，更新过程可能会大大加快[1]。表皮的更新和分化受复杂机制的控制，细胞间离子梯度（钙离子）在其中起重要作用[2]。在炎症过程中，更新会增加，从而导致未分化的（角化不完全的）角质细胞产生肉眼可见的大片脱落。

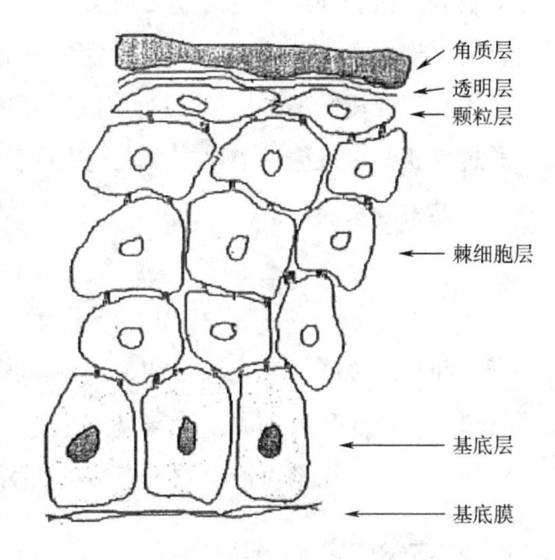

图 2 – 1　光学显微镜下所见的表皮结构示意图

其他重要的表皮细胞组分有：黑色素细胞——位于基底层，通过树枝状延伸到角质细胞产生色素的色素生成细胞；朗格汉斯细胞——位于基底层之上，在皮肤的抗原过程中起重要作用的树枝状细胞[3]。

2.1.2 真皮

5 ~ 8mm 宽的弹性纤维组织为人的皮肤提供抗撕裂性和弹性[4]。它包含对皮肤生理功能至关重要的细胞和结构。与表皮层互锁连接的乳头层是真皮的最上层。它的纤维网层主要由 I 型胶原蛋白构成，而 IV 型胶原蛋白以类似网状的方式环绕在表皮基底膜和皮肤附件周围。成纤维细胞、纤维细胞、肥大细胞和树突细胞则位于胶原蛋白和弹性纤维之间。底层物质则由具有高水合能力的粘多糖、蛋白质和矿物质构成。皮肤的血管网可区分为小动脉、毛细血管和小静脉。真皮有上层乳头层和下层皮肤丛两层 。因为皮肤需要用来保证自身营养的血流量非常小，因此通过皮肤的血液循环可以在很大范围内被调节，这样，皮肤就实现了体温控制这一重要的生理功能。

2.1.3 表皮—真皮交界区

表皮和真皮之间的交界区结构复杂[5]。所谓的透明层位于表皮层的下面，再往下是通过锚定长丝和锚原纤维与基底细胞和真皮纤维组织相互连接的致密层。这个结构的任何损伤都可能导致大疱性皮肤病。

2.1.4 皮下组织

皮下组织主要由脂肪组织构成，包含血管和神经结构的纤维状膈膜将脂肪组织固定起来，从而使真皮固定在下层的肌筋膜上。

2.2 皮肤的屏障作用

皮肤的一个重要功能是在身体内部和外界环境之间形成一道屏障。这种屏障可以保护有机体不受外界物理的、化学的和微生物的损伤，防止人体必需物质的损失，从而维持有机体的健全[6]。

2.2.1 表皮屏障的生物化学组成

在解剖学上，皮肤的屏障功能由角质层提供。在常规组织学上，角质层表现为片状层（“篮网状型”），但这是固有的人工假设。在活体内，角质层是一种紧密的结构。虽然在过去，这种屏障被认为是同质的薄层（“莎伦包装膜”理论），但今天，它被认定为是由在富脂细胞间质中的无核表皮细胞组成的复杂结构（“砖块和砂浆”模型,图2-2)[7]。脂质由含量大致相等的鞘脂、游离脂肪酸和胆固醇组成,但没有磷脂存在。这些脂类以“膜三明治”的形式存在于细胞间隙,即由颗粒层状体衍生的双层脂质层。因此,颗粒层是在屏障受损时,能迅速补充脂质的一座高活性“脂质工厂”。最近的研究表明,角质层不是已死亡的组织,而是一种代谢活跃的组织[8]。

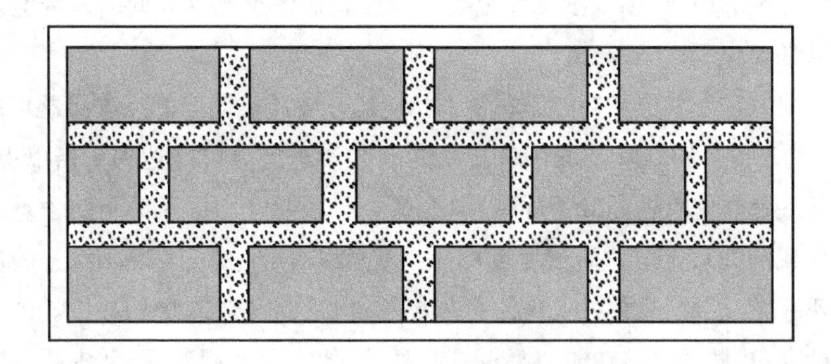

图2-2 角质层的“砖块与沙浆”模型

(砖块代表角化细胞,而沙浆代表细胞间脂质层)

皮肤的屏障功能遵从物理化学法则,并可被描述为分子从外向内渗透的扩散阻力,反之亦然[9],这种扩散阻力具有物质特性。因为这种屏障层主要由脂质膜组成,所以对亲水性极性分子的扩散阻力一般高于亲脂性中性分子。亲脂性分子可能在角质层脂质中富集并储存。因为极度亲油性的分子向亲水性的更深的表皮层的渗透性非常低,因此,它们可以在角质层中保存很长时间。对脂类和水中均具有良好溶解性的双亲物质渗透效果最好。只要一个分子不超过1,000Da,它的尺寸大小就不是渗透的重要因素。复合聚合物不能穿透表皮屏障。

2.2.2 影响屏障功能的因素

表皮屏障功能会受到温度、皮肤含水量、皮肤部位、年龄和皮肤疾病的影响。根据物理化学法则,每种经皮渗透的扩散过程都与温度相关[10]。当皮肤温度从26℃增至35℃时,经表皮的水分流失,即从体内穿过表皮屏障的水分扩散会加倍。

角质层水合作用对屏障功能有着重要影响。随着湿度的增加,渗透也增加了,尤其是更亲水性的分子的渗透会增加更多[11],这是由于水合作用的增加更好地打开了亲水性渗透的通路。

除了皮肤表面水分的水合作用之外，与闭塞有关的水合作用也很重要。闭塞防止了水分经表皮的生理流失，导致了水在角质层中的积存。在闭塞部位下，经皮的渗透可能会增加几个数量级。闭塞可能因皮肤褶皱（起皱的部位）、服装（特别是橡胶手套和橡胶靴）、敷料和如凡士林这样的外用制剂而引起。另外，角质层的极度干燥也可能损害屏障功能[12]。因为水是角质层可塑性的必须要素，所以干燥可能导致开裂和脱屑，临床图片为裂缝和鳞片。在冬季湿度较低的室内能观察到这些皮肤的变化。

不同皮肤区域的屏障功能是非常不相同的。皮质类固醇的经皮渗透可以证明这一点（图2－3）[13]。在不同部位皮肤之间的渗透差异可能达到十倍以上，尽管手掌和足底是非常有效的渗透屏障，但这些差异看起来与屏障的脂肪含量和屏障的脂肪构成的关系比与角质层厚度的关系更大。早产儿（未成熟胎儿）的皮肤屏障功能不完整，因此，经皮的水分损失非常高，物质也容易穿透皮肤[14]。即使是正常的新生儿，皮肤的屏障功能似乎也是有限的，但在婴儿周岁后，其皮肤屏障功能就已接近成人，至少在有关经皮水分损失方面接近了。但是，对刺激物的抵抗力在人生头几年依然会很低。

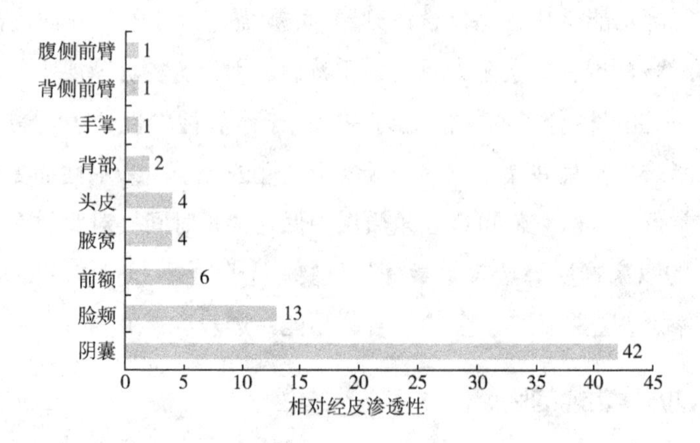

图2－3　氢化可的松在不同人体部位的经皮渗透性

位于真皮或皮下组织的皮肤疾病不影响屏障功能。但是，所有引起表皮变化的皮肤病都可能对屏障功能造成很大影响。这一点对能引起疱疹、水疱或角化不全的疾病尤其重要，例如对大疱性自身免疫疾病、湿疹和牛皮癣。但是，疾病导致的屏障损伤并不会让所有物质的渗透都增加，主要会影响到亲水性化合物。同时，屏障损伤也会导致角质层储存功能的降低，即储存外部分子的能力降低。

2.3 皮肤微生物学

由于皮肤对环境有害的化学和物理影响形成屏障,它也保护生物体免受病原体、寄生虫、真菌、细菌和病毒的感染。防止病原体感染的一个重要因素是皮肤表面的 pH 值,在非闭塞部位其生理值为 5 ~6[15]。易起皱的部位如腋窝、趾蹼、生殖器和肛周区域都具有较高的 pH 值,这些区域也较容易受感染。除 pH 值外,还发现某些角质层脂质也对致病细菌有抑制作用[16]。近年来,在人体皮肤中也发现了防御素,即具有抗生素特性的肽类物质[17]。

尽管皮肤表面存在这些抗菌物质,但皮肤也不是无菌的,而是含有非致病菌。人体皮肤菌群被定义为:存在于健康皮肤表面、角质层内、皮脂腺导管(毛囊漏斗部)中和毛囊内的微生物(图 2 -4)[18]。皮肤菌群由以下部分组成:常居菌群,它持续存在于皮肤上,因此可定期采样;暂住菌群,仅以低频率或低密度采集到样本;借居菌群,它会短暂地在皮肤上生长,但不会导致感染。

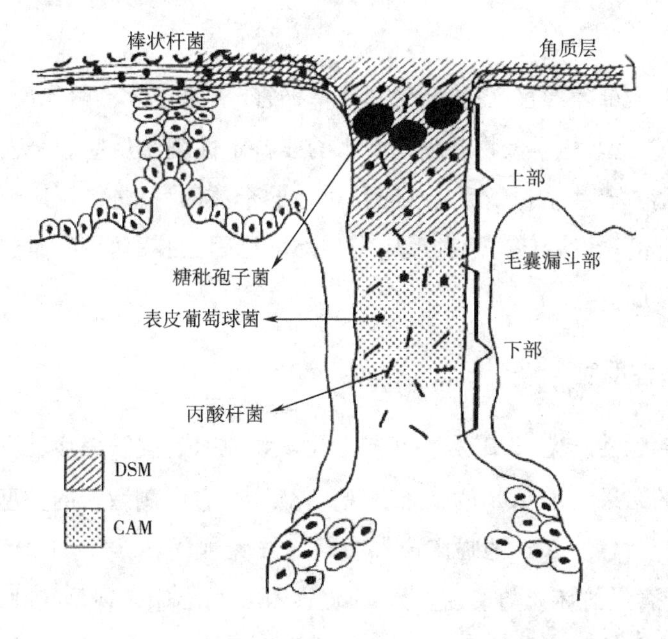

图 2 -4　人体生理皮肤菌群的三维分布(基于参考文献[22]的数据)

皮肤常居菌群有以下类别:与凝固酶阴性葡萄球菌同时出现的微球菌、消化球菌属、微球菌属、与棒状杆菌同时出现的类白喉菌、短杆菌属、丙酸杆菌和革兰氏阴性杆菌。皮肤常居菌群与健康皮肤的相关性是基于它产生了保护皮肤不受病原体侵害的生态学系统这样的事实。例如,表皮葡萄球菌、痤疮丙酸杆菌、棒状杆菌和卵圆皮屑芽胞菌产生了脂肪酶和酯酶,它们能将甘油三酯分解为游离脂肪酸,使皮肤表面 pH 值降低,从而造成不利于皮肤上病原菌生长的环境。表皮葡萄球菌和痤疮丙酸杆菌被认为是可产生妨碍病原体的抗生素。

内生和外生因素都可能会影响皮肤菌群从而促进皮肤的感染。这些因素包括细胞免疫和体液免疫(如糖尿病、艾滋病病毒感染)、用药(如长期抗生素治疗引起的革兰氏阴性毛囊炎)、环境因素(如湿度、温度)、化妆品和卫生用品(如抗菌洗涤)。闭塞性的服装可成为引起皮肤感染的危险因素,为大家所熟知的临床经验是:被污染的衣物可能导致感染蔓延,例如,在炎热潮湿气候下发生的葡萄球菌毛囊炎。

2.4 皮肤不耐受反应

作为经典的屏障器官,皮肤会受到环境损害,从而导致不耐受反应,应识别两种主要的反应类型:化学或物理创伤带来的非特定性刺激反应和个人对特定物质(过敏原)敏感而产生的过敏反应。对易过敏的个体而言,过敏反应通常表现出比刺激反应要低的诱发阈值。两种反应类型都可能因服装而引发,而这正是纺织工程师所感兴趣的。

2.4.1 刺激性反应

刺激性接触性皮炎(ICD)是由于接触化学物质引起皮肤炎症反应而造成的非特异性损害的结果[19]。ICD 的临床表现变化很大,它由刺激物的类型和剂量—效应关系所决定。急性 ICD 的临床形态表现为红肿、可能聚结的小泡、大疱和渗出物,也可见带腐烂的坏死与溃疡。另外,慢性 ICD 的临床表现是红肿、苔藓样硬化(皮肤增厚,皱纹变粗糙)、表皮脱落、出现鳞屑和角化过度。

任何部位的皮肤都可能受到影响。最经常出现的是作为人类“工具”的手部与刺激物有更多的接触,然而大多数的化妆品不良反应出现在脸上,因为这部分皮肤特别敏感。当皮肤暴露在挥发性刺激物或蒸气中,经空气传播的 ICD 会出现在裸露的皮肤区域,主要在脸上,尤其是眼眶周围的区域。

不同个体的皮肤对刺激的敏感度非常不同,已被确认的影响刺激性皮炎进展的许多个体因素包括年龄、遗传学背景、暴露出的解剖学部位和原有的皮肤疾病。

2.4.2 过敏反应

过敏总是遵循两个阶段发展:第一阶段,需要对特定物质产生过敏(过敏阶段);第二阶段,通过反复与过敏原接触引发临床反应(诱发阶段)。致敏通常是非常有特定性的针对一种化学分子,但相关分子的交叉反应也可能发生。

Gell 和 Coombs 将过敏反应区分为四种类型,其中只有两种符合外部过敏原导致的皮肤不耐受反应:接触性荨麻疹和过敏性接触性皮炎。

接触性荨麻疹通常是由一种蛋白质过敏原引起的即时性反应[20],它需要血清中有特定的固着于组织中的肥大细胞上的 IgE 抗体存在。一旦 IgE 抗体与过敏原反应,肥大细胞就释放出许多效应物质,其中最有名的是组胺,这会导致血液流量增加和水肿,产生风疹块(荨麻疹)的临床表现。接触性荨麻疹反应可能传播、扩散并导致其他器官的过敏表现,例如:肺部系统(哮喘)或胃肠道,最严重的情况是发生过敏性休克。

过敏性接触性皮炎是一种细胞介导的晚期型过敏反应(被 Gell 和 Coombs 定义为 IV 型)[21]。大多数接触性过敏原都是低分子量(<1,000Da)的物质,因此它们容易穿透皮肤。它们本身并不引起过敏反应,但是它们有活性基团,能与皮肤上的蛋白质结合成为“全抗原”。在致敏阶段中,过敏原渗透入皮肤,被迁移至局部淋巴结的抗原呈递细胞(朗格汉斯细胞)占据。在那里,过敏原被呈现给稚嫩的 T 淋巴细胞,这些 T 淋巴细胞可能被启动并以克隆方式扩张 。再次挑战时,这些淋巴细胞在皮肤中释放炎性细胞因子,导致典型的过敏性接触性皮炎的临床损伤。

急性过敏性接触性皮炎通常发生在接触部位接触过敏原后 24 ~ 48h,但通常不能明确界定为刺激性反应。其症状为强烈的瘙痒感,并伴有红肿和丘疹水疱,丘疹水疱会糜烂,留下有烧灼感的区域。过敏原通过血液和淋巴传播导致的“扩散”经常发生。这种情况通过结痂和脱屑的典型阶段得到治愈。

慢性过敏性接触性皮炎可以是原发性的,由于长期地但低剂量地与过敏原接触;也可以是继发性的,如果它是从急性过敏性接触性皮炎发展而来的。它表现出许多彼此相关的病变:丘疹、丘疱疹、糜烂 、结痂,如果病情持续一段时间,还可能出现苔藓样硬化、开裂和鳞屑。

参考文献

[1] Pierard GE, Goffin V, Hermanns-Le T, Pierard – Franchimont C. Corneocyte desquamation. Int J Mol Med 2000;6:217 –221.

[2] Vicanova J, Boelsma E, Mommaas AM, et al. Normalization of epidermal calcium distribution profile in reconstructed human epidermis is related to improvement of terminal differentiation and stratum corneum barrier formation. J Invest Dermatol 1998; 111:97 –106.

[3] Strobl H, Riedl E, Bello – Fernandez C, Knapp W. Epidermal Langerhans'cell development and differentiation. Immunobiology 1998;198:588 –605.

[4] Elsner P, Berardesca E, Wilhelm KP, Maibach HI. Skin Biomechanics. Boca Raton, CRC Press, 2001.

[5] Schmidt E, Zillikens D. Autoimmune and inherited subepidermal blistering diseases: Advances in the clinic and the laboratory. Adv Dermatol 2000;16:113 –157.

[6] Wertz PW. Lipids and barrier function of the skin. Acta Derm Venereol Suppl (Stockh) 2000;208:7 –11.

[7] Elias PM, Feingold KR. Coordinate regulation of epidermal differentiation and barrier homeostasis. Skin Pharmacol Appl Skin Physiol 2001;14(suppl 1):28 –34.

[8] Proksch E, Holleran WM, Menon GK, Elias PM, Feingold KR. Barrier function regulates epidermal lipid and DNA synthesis. Br J Dermatol 1993;128:473 –482.

[9] Hadgraft J. Modulation of the barrier function of the skin. Skin Pharmacol Appl Skin Physiol 2001;14(suppl 1):72 –81.

[10] Mathias CG, Wilson DM, Maibach HI. Transepidermal water loss as a function of skin surface temperature. J Invest Dermatol 1981 ;77:219 –220.

[11] Zhai H, Maibach HI. Effects of skin occlusion on percutaneous absorption: An overview. Skin Pharmacol Appl Skin Physiol 2001; 14:1 –10.

[12] Denda M. Influence of dry environment on epidermal function. J Dermatol Sci 2000;24(suppl 1):S22 - S28.

[13] Feldman RJ, Maibach HI. Regional variation in percutaneous penetration of ^{14}C cortisone in man. J Invest Derm 1967;48:181 - 183.

[14] Cartlidge P. The epidermal barrier. Semin Neonatol 2000;5:273 - 280.

[15] Runeman B, Faergemann J, Larko O. Experimental *Candida albicans* lesions in healthy humans: Dependence on skin pH. Acta Derm Venereol 2000;80:421 - 424.

[16] Bibel DJ, Aly R, Shah S, Shinefield HR. Sphingosines: Antimicrobial barriers of the skin. Acta Derm Venereol 1993;73:407 - 411.

[17] Schroder JM. Epithelial antimicrobial peptides: Innate local host response elements. Cell Mol Life Sci 1999;56:32 - 46.

[18] Roth RR, James WD. Microbiology of the skin: Resident flora, ecology, infection. J Am Acad Dermatol 1989;20:367 - 390.

[19] Schliemann - Willers S, Eisner P. Principles and mechanisms of skin irritation; in Barel AO, Maibach HI, Paye M (eds): Handbook of Cosmetic Science and Technology. New York, Dekker, 2001, pp 67 - 76.

[20] Amin S, Tanglertsampan C, Maibach HI. Contact urticaria syndrome: 1997. Am J Contact Dermat 1997;8:15 - 19.

[21] Wolf R, Wolf D. Contact dermatitis. Clin Dermatol 2000;18:661 - 666.

[22] Hartmann AA, Elsner P, Lutz W, Pucher M, Hackel H. Effect of the application of an anionic detergent combined with Fabry's tincture and its components on human skin resident flora. 1. Dermofug solution combined with either Fabry's tincture or 50 v/v% isopropanol. Zentralbl Bakteriol Mikrobiol Hyg [B] 1988;186:526 - 535.

3 服装与体温调节

George Havenith

英国莱斯特郡拉夫堡，拉夫堡大学人类科学系人体热环境实验室

3.1 引言

从进化角度讲，人类被认为是一种热带动物。人体的解剖学和生理学都与在中温环境中的生命一致。在这些环境下，人体可以不依靠人工手段维持身体机能，尤其是体温调节。在运动和暴露在高温下时，人体通过大量出汗以冷却身体；在温和的环境中，通过皮肤循环的变化也能对体温进行微调；在稍凉爽的环境中，通过降低四肢和皮肤的血流量，利用脂肪层的隔绝作用来维持体内温度。人体能通过颤抖增加热量，也能通过毛发直立（鸡皮疙瘩）在皮肤周围创造一个小的起隔绝作用的空气层。但当温度进一步下降时，如果没有及时穿上衣服或进入温暖的房间，人体就无法长久维持体温。在这方面，服装让人类能在世界各地扩张栖息地，并对其发展产生了积极影响。

如今，穿着服装的原因已变得多种多样。除了功能方面（隔绝与保护作用）的原因外，服装还具有很强的文化意义。后者有时会让前者适得其反。例如，商务套装在热带气候下几乎没有功能性，寒冷环境中的女士晚礼服也一样没有功能性。当服装的功能不仅是防热或防寒时，服装的保护功能和人体热量调节功能的冲突就可能出现，例如在后面章节中讨论的化学防护服装。这些冲突可能导致不适，也可能导致生理应激反应，在极端情况下，可能会因热或冷的伤害而导致患病。

为了了解这些关系和冲突，首先需要了解体温调节和人体与环境间的热交换过程。

3.2 温度调节

在温和的气候中,休息时,人体会调节其温度在37℃左右。这个温度并不是对所有人都完全固定。早上起床测量体温时,体温平均值大约在36.7℃,标准差为0.35℃(由 Wenzel 和 Piekarsky 的数据[1]计算得来),白天体温会上升(通常在±0.8℃之间),在深夜达到峰值,并由于昼夜节律而再次下降至清晨的体温。运动也会导致体温升高,平常适中强度的工作会让体温升至38℃左右,剧烈运动时会升至39℃,偶尔还会超过40℃(如马拉松)。体温升高到39℃时,身体很少有问题,应被看作是体温调节的正常现象。

发烧时,体温也会升高。这种升高不同于运动带来的体温升高,发烧带来的体温升高是身体防御的结果,而运动带来的升高则不是。所以,当发烧到38.5℃时,冷却身体会激活人体的热保护机制(如颤抖和血管收缩),从而使体温保持在这个水平。而在运动时,身体会持续出汗直到体温恢复到正常水平。

图3-1所示为体温调节控制系统示意图。图中以体内温度和皮肤温度来表示人体,代表这些体温的传入信号被传送到大脑控制中心,在那里与参考信号相比较,这种参考信号可被看作是一个单一的恒温器设定点,也可以被看成是一些启动受体反应的阈值。根据实际温度和参考值之间的差异(误差信号),可以启动受体的不同反应。主要的反应是出汗和皮肤血管扩张(如果体温比参考值高,即正误差)以及颤抖和血管收缩(负误差)。汗液的蒸发会冷却皮肤,颤抖会增加热量产生并加热身体,血管的扩张和收缩则会调整体内和皮肤之间的热量传递。当然这只是一个简化的模型,因为已经确认人体有许多不同的热敏感区域,因此就可能存在许多不同的、更为复杂的模型。

考虑服装时,可以将其看作是一种额外的行为效应反应。可以通过调整服装,以适应居住的气候,提供正确的保温量以允许其他的受体反应维持在其效用范围内。服装的主要作用是影响皮肤与环境间的热交换。为了弄明白这些作用,需要分析存在于人体和环境之间的热量流动,换句话说,就是需要了解人体的热平衡。

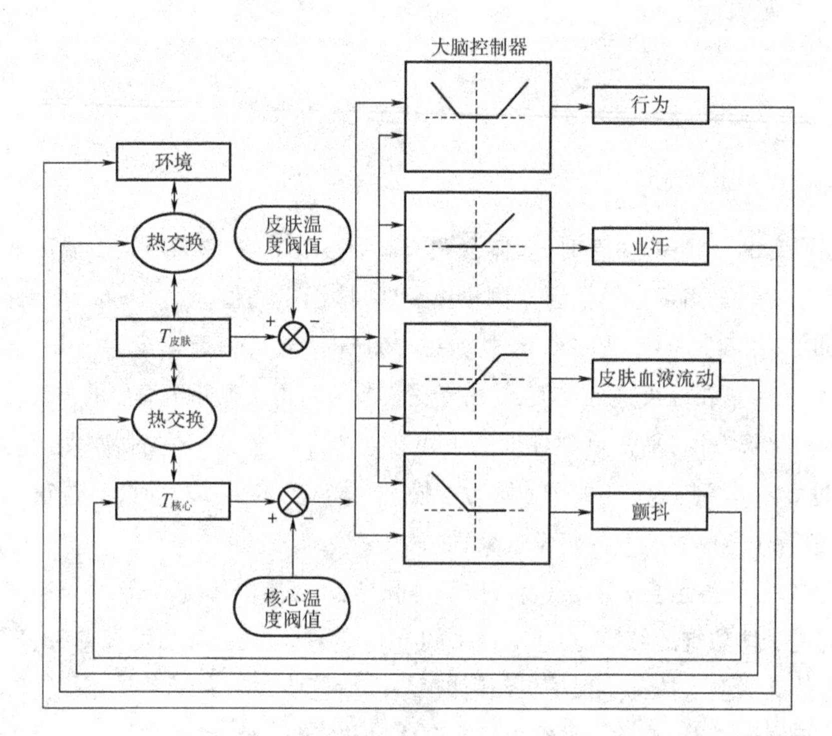

图 3－1　体温调节控制系统示意图

$T_{核心}$—体内温度　$T_{皮肤}$—皮肤平均温度　脑控制图表现了受体对误差信号的反应

3.3　热平衡

正常情况下，体温是相当稳定的。这是通过平衡体内产生的热量和损失的热量来实现的。图 3－2 所示为身体热量损失途径示意。

热的产生是由新陈代谢活动决定的。休息时，是身体基本功能所需的热量，例如，为身体细胞提供氧气和营养物质的呼吸作用和心脏功能。然而工作时，活动的肌肉对氧气和营养物质的需求增加了，新陈代谢活动也增加了。当肌肉燃烧这些营养物质进行机械活动时，它们所包含能量的一部分是作为外功释放到体外，但大部分能量以热的形式在肌肉中释放。外功与能量消耗之比被称为身体工作效率。这个过程与发生在汽车引擎中的过程相似：燃料的能量只有一小部分对汽车的推进有实际效用，大部分都作为废热释放了。像汽车引擎一样，人体也需要除掉这种热量，否则它会将身体加热到致命的水平。举例来说，如果没有降温，一个以中等

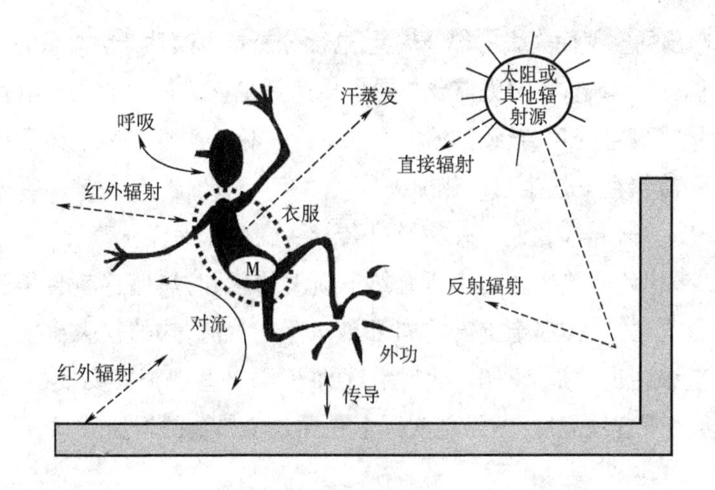

图 3-2 身体热量损失途径示意图

M = 代谢产热 稳定性：热产生 = 热损失

强度（代谢率 450W）工作的人，每 10min 其体温就会上升约 1℃。

大部分情况下，物理定义上的效率值接近于零。例如，在平地上行走，只有鞋子的摩擦等产生的热量被释放到体外，而所有被肌肉使用的其他能量最终都成了体内的热量。在寒冷环境下，额外的热量是由颤抖这种零效率的肌肉活动产生的，通过这种方式，基础代谢率和产热可提高四倍。

皮肤和环境之间的身体热量损失有几种途径。对每种途径来说，传递热量的多少是基于传输的动力（例如温度或蒸汽压力的梯度）、涉及的体表面积和热流动的阻力（例如服装的阻隔）。

$$热量损失 = \frac{变化梯度 \times 体表面积}{热阻}$$

热传导起次要作用，只有对于在水中和在特殊气体混合物中工作（长时间深海潜水），以及处理冷的产品或以仰卧姿势工作的人，热传导才成为相关因素。

对热量损失来说，更重要的因素是热对流。沿着皮肤流动的空气通常比皮肤凉爽，因此，热量会通过皮肤传递到周围的空气中。另外，通过电磁热辐射进行的热量传递也会很重要，当人体表面温度和环境温度存在差异时，热量就会通过热辐射进行交换。最后，人体还有另一条热量损失的途径，这就是蒸发，由于身体会出汗，皮肤表面的水分就会蒸发，大量的热就会由于蒸发作用从身体散发出去。

除了从皮肤上的对流和蒸发热损失外，热量损失也会通过肺的呼吸而发生。因为吸入体内的空气通常要比肺的内表面凉爽和干燥，所以对吸入的空气加温和加湿，人体会随着呼出的空气而失去一部分热量，这部分热量可高达产热总量的10%。

为使体温保持稳定，热损失需要与热生成达到平衡。如果它们没有达到平衡，体内的热含量将发生变化，导致体温上升或下降。这个平衡可表达如下：

热储存 = 热生成 − 热损失

= (代谢 − 外功) − (传导 + 辐射 + 对流 + 蒸发 + 呼吸)

因此，如果代谢的热生产高于所有热量损失的总和，热储存就会是正值，这表示人体热含量会增加，体温会上升。如果热储存是负值，热的损失比生成多，身体就会降温。应该指出的是，正如前面讨论过的一样，一些热损失要素在特殊情况下(如环境温度高于皮肤温度)有可能实际上是导致了热量的增加。

3.4 热交换的相关参数

人体保存热量或向环境释放热量的能力强烈依赖于一些外部参数。最主要的参数是温度。

气温越高，身体通过对流、传导和辐射失去的热量就越少。如果环境温度上升到皮肤温度以上，人体实际上就会从环境获得热量而不是散失热量。热交换有三个相关温度：

空气温度：它决定了皮肤向环境对流传递热损失的程度(对沿皮肤流动或进入肺部的空气的加热)，如果空气温度超过了皮肤温度，则相反。

辐射温度：该数值可理解为人们居住空间中所有墙壁和物体的平均温度，它决定了皮肤和环境之间辐射热交换的程度。在存在炽热物体的地方，例如，在钢铁厂或在阳光下工作，辐射温度很容易超过皮肤温度，从而导致从环境到皮肤的热辐射传递。

表面温度：除可能引起皮肤灼伤或疼痛（表面温度 > 45℃）以及冻伤的危险外，与人体接触的物体的表面温度决定了热传导交换。除了表面温度外，表面的性质也与热传导交换有关，如热传导率、比热和热容量等。

3.5 空气湿度

环境空气中存在的水量(水分浓度)决定了蒸汽形式的水分(汗)是从皮肤向

环境流动,还是与此相反。一般来讲,皮肤上的水分浓度会比环境中的高,这使水分从皮肤上蒸发而导致热损失成为可能。如前面所提到的,身体消耗多余热量的最重要途径就是汗水的热蒸发。因此,梯度相反的环境(环境水分浓度高于皮肤水分浓度)热损失是极其艰难的,仅能短时间暴露。应当指出的是,水分浓度是蒸发的决定性因素,而非相对湿度。具有100%相对湿度的空气可以含有不同量的水分,这取决于温度。温度越高,相同相对湿度下的水分含量就越高。当空气温度比皮肤温度低时,即使在100%的相对湿度下,汗液也能从皮肤蒸发。

3.5.1 风速

空气运动级数既影响对流导致的热损失,也影响蒸发导致的热损失。对这两种途径来说,热交换都会随着风速的增加而增加。因此,在凉爽环境中,身体会因为有风而更快降温;但在非常炎热、潮湿的环境中,身体也会很快热起来。

3.5.2 服装的隔绝作用

服装具有阻止热量和水分在皮肤和环境间转移的功能,因此服装可以抵抗极端炎热和寒冷,但同时,它也阻碍了体力劳动中多余热量的散失。例如,如果一个人穿着冬装进行繁重的工作,热量就会因为服装对于热量和水蒸气输送的高阻碍性能很快在体内积聚。服装影响热量和水蒸气传输的方式将在下面有更详细的说明。

如果不允许有服装或活动的变化,那么使人感到舒适的环境温度范围相当狭窄。对于穿着轻便服装、低活动量的情况,该范围大约只有3.5℃[2]。为了扩大这个范围,人们就必须进行服装和活动方面的行为调整。活动量的增加将使这个舒适范围向较低温度移动,服装隔绝作用的增加也会产生同样的效果。例如,增加20W的新陈代谢率(休息状态下新陈代谢率是100~160W)将使该舒适温度范围下降大约1℃,服装绝热量提高0.2克洛(即clo,服装隔绝能力的单位,作为参考,一套三件套西装的保温能力是1克洛,长裤和短袖衬衫的搭配保温能力大约是0.6克洛),也会产生同样效果。空气流动速度的增加会使舒适温度范围升高(速度每增加0.2m/s,温度就会升高1℃)。

在生理值方面,舒适性与皮肤温度和皮肤湿度有关。表3-1列出了当主观认为热状态为舒适时所观察到的平均皮肤温度值,通常皮肤平均温度在33℃左右时被认为是热舒适的。同时,表3-1中也给出了皮肤湿度的增加与舒适性的关系

(皮肤湿度是被认为充分湿润的皮肤面积百分比,或表示为身体完全湿润时皮肤的水分蒸发)。最后一列给出的是与极端不舒适相关的皮肤温度,从引起冻伤风险的温度到因热暴露引起皮肤烧伤的温度排列。

表3-1 与舒适和健康相关的人体温度和皮肤湿度

体内温度(℃)	状态	平均皮肤温度(℃)	舒适感	皮肤湿度(%)	局部皮肤温度(℃)	状态
44	热中风、脑损伤		非常不舒服	60	>45	皮肤烧伤(依赖时间)
41	发热疗法、高强运动	36 35	轻微不舒服	40 20	45	疼痛
38	运动	34		6	25	冷
37	正常休息状态	33	舒服		20	减少灵活性
36		32 31	轻微不舒服		15 7	疼痛 麻木
35	颤抖	30	不舒服		-0.5	冻伤
33	意识减弱					
31	心室颤动“死亡”					
14	可完全恢复的最低测量温度					

3.6 服装与热平衡

服装是皮肤与环境间热量与水蒸气传递的屏障,这个屏障是由服装材料本身和它们包裹的空气以及束缚在其外表面的静止空气所共同构成的。服装对热量和水蒸气传递影响的控制方程如下:

$$干燥散热 = \frac{(t_{sk} - t_a)}{I_T}$$

式中:t_{sk}——皮肤温度;

t_a——空气温度;

I_T——服装保暖性(包括空气层)。

$$蒸发散热 = (p_{sk} - p_a)/R_T$$

式中：p_{sk}——皮肤水蒸气压力；

p_a——空气中水蒸气压力；

R_T——服装水蒸气阻力（包括空气层）。

3.6.1 服装材料

通过服装材料进行干热传递主要有热传导和热辐射。对于大多数服装材料来说，包裹在其中的空气体积远大于纤维的体积。因此服装的保温性能与材料的厚度（即包裹了空气的厚度）紧密相关，而与纤维的种类关系不大。纤维主要是通过反射、吸收和再辐射来影响热辐射的传递量。由图3－3可以看出这种影响相对于厚度来说不太重要（特殊反光服装除外），图中还表示了不同服装材料的隔绝性范围与厚度的关系。

厚度是隔绝性主要的决定因素[4]。对普通的渗透性材料来讲，服装材料的厚度是决定透过服装的水蒸气阻力的主要因素。因为纤维体积通常小于其包裹的空气体积，因此，透过服装的水蒸气的扩散阻力主要由其包裹的静止空气层的厚度决定。纤维的组成在轻薄材料中比在厚重材料中扩散性能具有更重要的影响，正如织造特点在轻薄材料中对扩散性能的影响也大于在厚重材料中的影响（图3－4）。

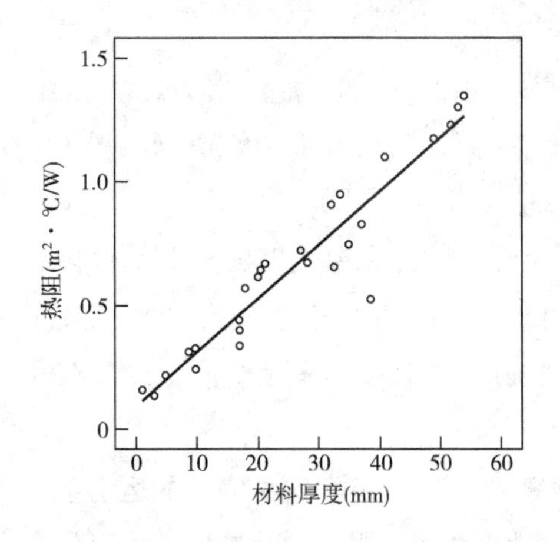

图3－3　服装材料隔绝性与材料厚度的关系

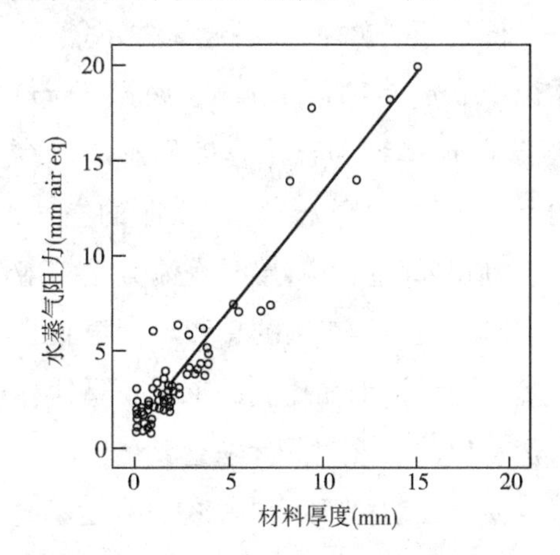

图3－4　材料水蒸气阻力与材料厚度的关系

在织物上增加涂层、覆膜或进行其他处理，会对水蒸气分子扩散蒸发产生重要的影响，但这些处理对织物中以热传导为主要途径的热阻的影响要小得多。服装材料的纤维决定了服装的其他一些性质，如透气性能和吸湿性能，但只有在强风和潮湿环境等特殊情况下，才可能影响隔绝性能和蒸发阻力。

3.6.2 服装组合

不仅要考虑服装材料种类,也要考虑服装中材料的实际保温性能,若服装由多层材料构成,各材料层之间和外表面空气层的性质就变得很重要[4]。每个材料层的外表面都附有一个静止的空气层。这个空气层可达6mm厚(两个表面总共12mm),外层的空气是没有受到足够约束的,会因为温度梯度而移动。因此,如果用等价的静止空气层厚度(这个静止空气层厚度具有与被研究的材料相同的隔绝性能或蒸汽阻力)做单位来表达材料的隔绝性能或蒸汽阻力的话,一种2mm厚的材料可以提供等价于12mm + 3mm +6mm(皮肤与服装之间束缚的静止空气层 + 材料的等价静止空气层 + 服装外面的静止空气层) = 21mm厚的静止空气层对热与水蒸气传输的阻力。如果一件衣服或整套服装是由多个材料层构成,那么其总的保温性能就会远高于从单个材料层预期的保温性能(图3 –5)。

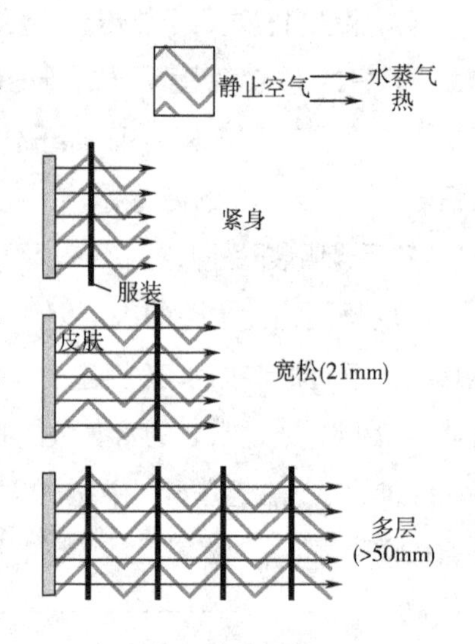

图3 –5 织物和空气层对总的热和蒸汽阻力的贡献示意图

但是,服装总的保温性能并不能达到层数乘以15mm(束缚层12mm + 每层3mm),因为服装设计、体型和合体程度的影响,使各层材料无法足够分开以包裹这么厚的空气层。例如,在肩膀部位,材料层与身体直接接触,这个部位的总保温性能就只能是材料层加上其外表面空气层的总和。紧身服装相对于宽松服装而言包含更少的空气(图3 –5)。另外,前面提到的12mm厚的静止空气层,当服装不是完全静止以及有空气运动(风)存在时是无法达到的。

空气运动:当环境中的空气在运动时,如通常的工作场所,这种空气的运动会干扰服装外部的静止空气层。同时,这种空气运动也会通过服装的开口处进入服装或穿透服装织物,从而扰乱整套服装中的空气层,当然这种穿透能力取决于外面服装层的透气性能。空气运动对外部空气层(或裸体上的隔绝空气层)的影响见图3 –6。

服装运动:服装会因为风或者穿着者的运动而移动。风会压紧服装,从而减小服装的厚度;风也会使服装飘动,从而使服装内封闭的空气层产生移动。穿着者的身体运动可以起到与风相同的效果，也可以在服装的不同分隔区域间输送空气并强迫其与外部环境的空气进行交换（图3－7）。一般来讲，运动对包裹在服装中的空气层和周围空气层有影响，而风则主要影响周围空气层和外层服装下的空气层。

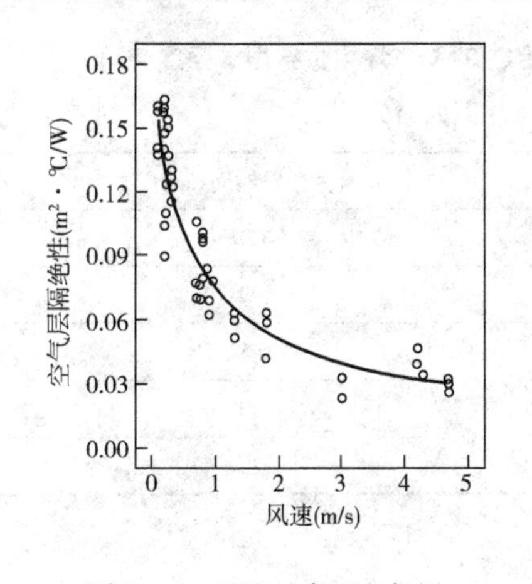

图3－6　风速对表面空气层隔绝性能的影响

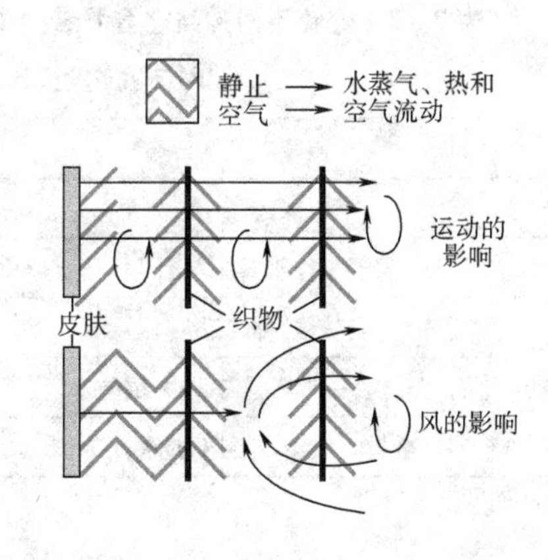

图3－7　运动和风对表面与束缚空气层的影响

风与运动对服装隔绝性能的综合影响具有相当的影响。对于服装的隔绝性能，在4m/s风速下行走时观察到高达60%的降低[5－6]。对于蒸汽阻力，由于其纯粹的对流性，影响会更大[7－8]，能观察到高达80%的降低（图3－8）。蒸汽阻力用静止空气层厚度（mm）表示。

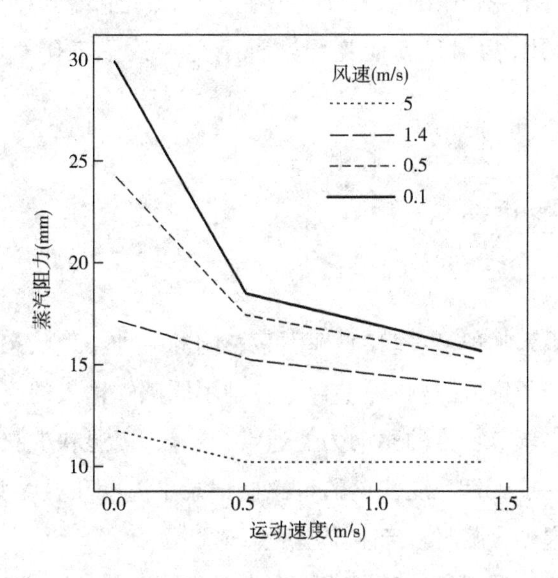

图3－8　化学防护服装由于风与运动所带来的蒸汽阻力下降

服装对热平衡的影响如表3-2所示,表中给出了人穿着对热和蒸汽阻力具有不同防护性能的服装进行中等强度工作时的最大暴露时间。给出的这些数字清楚地表明,服装可以显著减少耐受时间。

表3-2　穿着不同种类整套服装的工作者在37℃环境中进行中等强度劳动时体温达到38.5℃所需要的时间

服装类型	最大暴露时间(min)
裸露	120
普通工作服,棉,单层	90
防护服,棉,三层	45
防护服,棉,一共三层,其中外层防水	30
全封闭服装,外层不透水	20

3.6.3　服装和代谢率

服装除了影响热交换之外,也影响代谢率。服装的重量增加了体重(某些防护服重量>15kg),穿着时,会增加行走活动中的代谢率。对精心设计的成套服装,在身体上的重量分配变得非常重要。例如,防化服或核生化防护服,在躯干或头部的负重是相当有效的,但手和脚的负重(如靴子)产生的每单位质量的影响要大得多,对脚部来说,每千克带来的影响可以比在躯干部高出5倍以上。对这种套装来说,刚性也会起作用,为了移动而克服这种刚性导致了工作量和代谢率的额外增加。

3.7　服装与舒适性

舒适是受一系列物理、生理和心理因素影响的一种心理状态。热舒适性作为总体舒适性的一个子集,也是一种整合了各种不同感知输入的复杂感觉。这种感觉可被视为是体温调节行为的驱动力。通常,冷、热、潮湿和皮肤湿润的感觉是整体舒适度的主要决定因素。皮肤上的传感器记录了温度和温度变化的速度,当这些输入数据被传递到大脑时就产生了温度感觉。

感受潮湿或皮肤湿润的传感器并不存在。作为替代,这种感觉部分是由温度传感器感受润湿皮肤冷却速度的增加和能感知沿皮肤流下的汗滴的触觉传感器来确定的。我们的大脑将其理解为潮湿感。

服装可以显著放大湿润感。首先,当皮肤湿润并开始润湿服装时,服装就会变黏,它与皮肤之间的摩擦会产生一种强烈的被认为是不舒服的触感。其次,潮湿的衣服会快速变凉,通常在运动中,服装会接近和远离皮肤,当服装远离皮肤时,会引起水分蒸发和降温;而当服装接触到皮肤时,会引起强烈的被理解为湿润的寒冷感觉。这两个方面都受服装设计和材料选择的影响。后者的影响可以通过在皮肤上穿着紧身服装和使用低吸湿性材料来减弱,而前者的影响可以通过选择能阻止与皮肤大面积直接接触的纤维结构的材料来减小。在这方面性能极差的服装实例是早期的尼龙(聚酰胺纤维)衬衫,它透气性差,使水分困在皮肤上,并且还有非常光滑的表面,极容易像湿毛巾一样粘在皮肤上。能将水分从皮肤上导出的服装成功提升了其舒适性,例如,里层具有水分传导能力但吸水性低(如涤纶),外层具有吸水性(如棉)的双层织物。

能改善舒适性的另一个服装性能是其热湿缓冲能力,在不断变化的情况下,这一点尤其重要。例如,在各种体育和休闲活动中活动量发生变化时,出汗达到峰值之后就是低出汗量阶段,如果服装对汗水具有缓冲作用,就可以防止皮肤上有液态水的出现,从而避免黏的感觉,并防止低活跃期(冷后)的过度降温,提高舒适性。这可以通过使用具有良好吸湿性能的纤维(天然纤维),或进行材料处理(亲水性处理),或特殊的纤维结构(纤维中有沟槽)、纺丝和织造技术(在纤维或纱线间困住水分)来实现。如前面所讨论的,水分需要保持远离皮肤。

最近采用的相变材料(这种材料含有能在特定温度下通过吸热或放热改变其化学结构的物质,与水到冰或冰到水的相变相似)为经常在不同气候环境间移动的人们打开了缓冲热量的机会。通过这种缓冲,相变织物应能降低穿着者面对的气候压力,并提高舒适性。遗憾的是,目前获得的这种材料还仅仅具有很小的热缓冲容量,其大量的优势还没有表现出来[10]。但是这种技术在未来是有前途的。

参考文献

[1] Wenzel C, Piekarsky HG. Klima und Arbeit. Munchen, Bayrisches Staatsministerium fur Arbeit und Sozialordnung, 1984.

[2] ISO 7730: Moderate Thermal Environments - Determination of the PMV and PPD Indices and Specification of the Conditions for Thermal Comfort. Geneva, International Standardisation Organisation, 1984.

[3] Lotens WA. Heat transfer from humans wearing clothing. PhD thesis, Delft, Feb 1993.

[4] Havenith G. Heat balance when wearing protective clothing. Ann Occup Hyg 1999;43:289 - 296.

[5] Havenith G, Heus R, Lotens WA. Resultant clothing insulation: A function of body movement, posture, wind, clothing fit and ensemble thickness. Ergonomics 1990; 33:67 - 84.

[6] Holmé I, Nilsson H, Havenith G, Parsons KC. Clothing convective heat exchange - Proposal for improved prediction in standards and models. Ann Occup Hyg 1999;43:329 - 337.

[7] Havenith G, Heus R, Lotens WA. Clothing ventilation, vapour resistance and permeability index: Changes due to posture, movement and wind. Ergonomics 1999;33: 989 - 1005.

[8] Havenith G, Holmér I, Den Hartog EA, Parsons KC. Clothing evaporative heat resistance - Proposal for improved representation in standards and models. Ann Occup Hyg 1999;43:339 - 346.

[9] Havenith G, Vuister RGA, Wammes LJA. The effect of air permeability of chemical protective clothing material on the clothing ventilation and vapour resistance (in Dutch). Report TNO - TM 1995 A 63. TNO - Human Factors Research Institute, Soesterberg, NL.

[10] Shim H, McCullough AE. The effectiveness of phase change materials in outdoor clothing. Arbete Hälsa 2000;8:90 - 94.

4 服装——太阳辐射的防护物

Julian M. Menter[a] ,*Kathryn L. Hatch*[b]

a.莫尔豪斯医学院医学系,佐治亚州亚特兰大市

b.亚利桑那大学农业与生命科学学院,亚利桑那州图森市

服装具有保护皮肤免受太阳辐射的能力,因为制成服装的织物可以反射、吸收和散射太阳光。织物衰减太阳光的能力,会因为它们的纤维成分和含水量以及吸附在纤维上的染料、光学增白剂、紫外吸收剂的种类和浓度的不同而不同。

每种织物都必须经过测试来确定其防止太阳辐射的能力,因为这种能力既不可能通过目测法获得,也不可能依据织物的组成和结构计算获得。因此,本章的目的在于:介绍织物为皮肤提供太阳辐射防护的类型;介绍发展起来的评价每种防护的不同测试方法;预测有可能取得丰硕成果的未来研究领域,尤其是对光敏感病人而言。

4.1 皮肤的光生物学

几乎所有维持生命所需的能量都来自于太阳,没有太阳,正如我们所知,生命是不可能的。阳光是以紫外线、可见光和红外辐射形式存在的一种电磁辐射。如图4-1所示,大部分的辐射是在光谱的可见光部分(波长400~700nm,$1nm=10^{-9}m$),大约占总太阳辐射的7%是波长在290~400nm之间的紫外线。

然而,过多接触阳光并非好事。急性或慢性的过度暴晒会导致各种有害的影响。对正常人来说,这样的急性影响包括晒黑和红斑(晒伤)。长期的过度暴晒可导致结缔组织损伤(“光老化”)、癌前病变(如光化性角化病)和恶性肿瘤(基底或鳞状细胞癌,或黑色素瘤皮肤癌)。

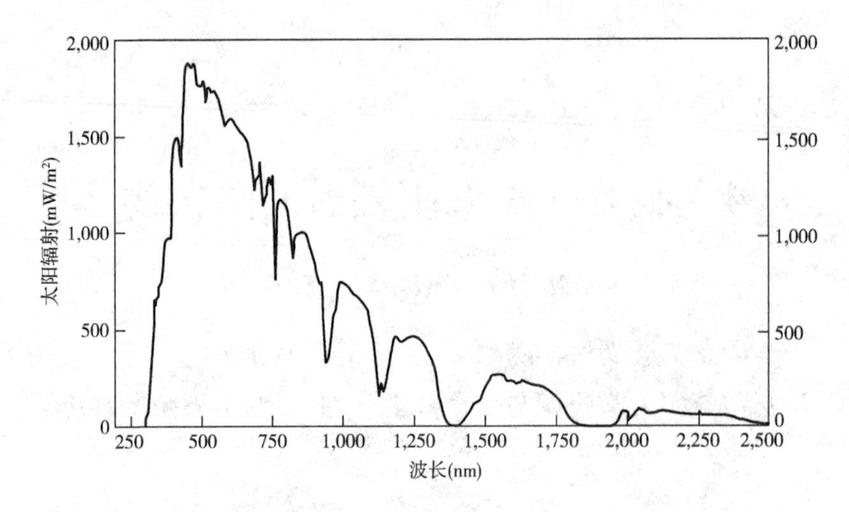

图 4-1　CIE 阳光标准参考光谱(感谢 R. M. Sayre 博士提供该光谱图)

对所有这些有害影响来讲,紫外辐射起主要致病作用。到达地球的太阳总辐射有 7% 来自于紫外区,这个区域通常被分为三部分:短波紫外线(UVC)、中波紫外线(UVB)和长波紫外线(UVA)。UVC(波长小于 290nm)通常是不会到达地球的,因为它会被平流层的臭氧层所吸收。相比之下,UVB(波长 290 ~ 320nm)仅被臭氧层部分吸收,大部分会到达地球,特别是在低纬度高海拔地区夏季的中午前后。尽管 UVB 只占总紫外辐射相当小的一部分(约占总量的 10%),但它是造成红斑(晒伤)、晒黑、光致癌和"光老化"的主要原因。UVA(波长 320 ~ 400nm)也能引起红斑和晒黑,但是要产生相当于 UVB 造成的晒伤晒黑效果,则需要大约现在 UVA 剂量的 1,000 倍。

还有其他一些太阳光的有害影响存在,它们可能导致光敏性疾病,但是在正常情况下这些影响一般是不会发生的。它们中的一些可能是起因于内源性因素,这些内源性因素引起了人体对阳光的异常光中毒或光免疫反应[1]。这方面的例子有:多形性日光疹(PMLE)、日光性荨麻疹、慢性光化性皮炎(CAD)和卟啉症(紫质症)。它们呈现出各种各样的临床皮肤反应。

其他光敏性疾病可能会由于外源性因素而发生,而这些外源性因素则是当人们在皮肤上局部用药或吃药时被无意间引入的[2]。在每次敏感皮肤暴露于太阳辐射下时,这些药物诱发了皮肤的光中毒或光过敏反应,而且,越来越多的药物和试剂有能力引起光敏感疾病。有时,涉及光敏剂的治疗方案(如光化学疗法或光动力疗法)会无意间引发光中毒。

晒伤、晒黑、光老化和恶性病变的发生主要是由 UVB 导致的。一般来说,比 UVB 更长的波长会容易引发光敏反应。在 UVA 下的暴露是引起药物敏感性皮肤和内源性光敏感人群发生不良皮肤反应的主要因素。而暴露于可见光下则可能是某些日光性荨麻疹和卟啉症的重要原因。

所有类型的光损伤都涉及一个关键分子(发色团)对紫外和可见光辐射的吸收,这是引发能观测到的光生物效应(如晒伤)的决定因素。简言之,如果没有光被吸收,就不会有光化学或光生物作用。通过波长扫描测量给定发色团的吸收光谱,从而确定其对光波长的依赖度。该分子的结构决定了被吸收的波长和跃迁强度(即在每个波长的摩尔消光系数值)。某一给定波长的光线引发一个特定光生物效应(如晒伤)的能力是和该波长光线的吸收率成比例的。活体中具有波长依赖性的光生物效应与所有相关波长的对应关系被称为"作用光谱"。在"简化"条件下,作用光谱是发色团吸收光谱的翻版。在皮肤中,其他物种对入射光的非特异性吸收和散射改变了到达发色团的光谱分布。因此,实验所测得的作用光谱"形状"(即由各波长产生效果的相对权重),通常是原来发色团吸收光谱的明显变形的版本。对任何光敏感条件下的作用光谱的了解,从光防护的角度来说都是很重要的。因为根据其定义,作用光谱给出了光敏感个体应该避免的波长。

红斑[3-5]、延迟性晒黑[3]、非黑色素瘤皮肤癌[6]、黑色素瘤[7-8]和弹性纤维病[9]的作用光谱都已发表,所有这些光谱都表明了 UVB 波长对于诱发这些响应起主要作用,而 UVA 波长的影响通常要低 3 ~ 4 个数量级(参见 Setlow and Woodhead[8]恶性黑色素瘤),这些结果总结在表 4 - 1 中,对细节感兴趣的读者可参阅原文。

表 4 - 1 对阳光的"正常"有害响应的波长依存性

响应	波长(nm)
晒伤	290 ~ 320(主要),320 ~ 400(次要)[3-5]
黑色素生成(延迟性晒黑)	290 ~ 320(主要),320 ~ 400(次要)[3]
非黑色素瘤皮肤癌	290 ~ 320(主要),约 370(次要)[6]
黑色素瘤	UVB(?)[7],UVA(?)[8]
弹性纤维病	290 ~ 320(主要),320 ~ 400(次要)[9]

注 "次要"影响比"主要"影响低 3 ~ 4 个数量级。

表 4 - 2 给出了各种光敏性疾病的波长范围。一般来讲,这些条件下的作用光

谱并不像前面“正常性”有害响应的作用光谱那样特征鲜明。“药物光敏性”这个术语已被扩展到包括在家居用品、化妆品、制造业、农业和娱乐活动中的各种化学品[2]。因此,这些反应的有效波长将随着光敏剂的吸收光谱不同而改变。通常,名义上被称为“单一的”光敏性条件(如 PMLE 或者日光性荨麻疹),并没有一个唯一的光谱与之对应。在这些情况下,几乎没有窄频带的作用光谱存在,因此,在这种情况下的作用光谱与其说代表了一个结构化的波段,不如说是一个优先激发响应的波长区域。

表 4-2 对阳光的光敏性响应的波长依存性

响应	波长(nm)
药物光敏性	可变的,取决于药物的吸收光谱;320~380(大部分),可见光(部分)[2]
光敏性疾病	UVB(CAD),可变的 UVA(取决于感光剂),可见光(个别光致荨麻疹;PMLE)[2]
卟啉症	紫外线和可见光波长(400~650)[10]
光化学疗法敏感:PUVA,PDT	(320~380)PUVA[10],(400~700)PDT[11]

然而,对比表 4-1 和表 4-2 确实可以呈现出一个共同特点,这就是:在光敏性条件的激发中,UVB 起相对次要的作用,而 UVA 和/或可见光则起主导作用。这与“正常”响应的作用光谱是明显相反的,其意义比单纯的学术兴趣要大得多。正如我们看到的,绝大多数防晒霜和织物测试都使用红斑作为终点,但这个测试对引发易感个体光敏性响应的最有效波长,是不敏感的。

4.2 防止晒伤

本节将介绍和比较确定织物防晒能力的测试方法,并讨论防晒性能的影响因素。

4.2.1 测试方法

测试织物防晒性能的一般方法是实验室活体试验和体外仪器评估。活体试验的定量评价是防晒因子(SPF),用于表示仪器测量结果的是紫外线防晒因子(UPF)。

4.2.1.1 活体试验

织物防晒性能的人体试验通常是对联邦注册的关于防晒霜的现有测定方法的修改[12-13],试验点是在至少10名志愿者的下背部。首先,测量过滤的氙弧太阳模拟器准直照射在没有织物保护的一组测试点时,出现最小红斑的剂量(MED)。然后,将绷紧的织物试样放置在太阳光模拟器和受试者的背部表面之间,以给定织物估算的SPF为基准(由体外UPF值估计,见下文),按照当前美国食品药品管理局的最后规定进行系列的七次照射[13],三次照射的增量系列是高于估算的SPF,而减量系列是低于估算的SPF。如样品的SPF<8,照射剂量间隔为高于和低于样品SPF的10%;如果样品的SPF在8~15,间隔为9%;如果样品的SPF>15,间隔为7%。导致延伸至照射边界的最小红斑产生的剂量被用于确定织物的SPF,计算公式如下:

$$\text{SPF(人体)} = \frac{\text{MED}_{(\text{有被测织物保护})}}{\text{MED}_{(\text{无被测织物保护})}} \tag{1}$$

因为该方法中红斑是一个明确的测量终点,因此这样的测试结果只与织物的防晒伤性能有关。织物的SPF值越高,其防晒性能越好。SPF值表示人们穿着这样的织物在太阳下,皮肤接受到的引起红斑的紫外线剂量与未穿织物相同时,能停留的更长时间。但对织物以其他方式保护皮肤并不适用。

4.2.1.2 仪器分析方法(体外)

织物防晒性能测定的仪器分析方法是基于分析仪器对通过织物的UVA和UVB每个波长的透光率的测定。虽然透光率是用仪器测定的,但是用于计算UPF的作用光谱[5]却是由受试人确定的。

为了体外评价织物防晒作用UPF,需要进行三种波长相关的测量:织物透射率,源光谱分布,红斑(晒伤)作用光谱。

测量织物透射率的仪器包括:宽带辐射计、光谱辐射计和分光光度计。Gies等已对每种类型仪器的优缺点做了非常完整的评述[14],通常带积分球的分光光度计是织物透射率测量的首选方法。

太阳光谱分布通常由“正午”的太阳光谱作为代表。虽然研究人员有可能决定测量实际环境条件下的当地太阳光谱,但通常人们还是会使用参考光谱。一般来说,透射率的大小取决于所用太阳光谱的部分。

红斑作用光谱一般不是由每个单独的研究人员测量,而是使用了国际照明委员会(CIE)已制定的红斑(危害)光谱[5]。

为了开始 UPF 的计算,先将每个波长间隔的 CIE 红斑作用光谱乘以太阳光谱源和各波长间隔 $\Delta\lambda$,对所有相关波长的结果进行求和,得到无保护皮肤的风险估计。在分光光度计中,正常的透光率采集一般是在 290～400nm 之间,以 2nm 或 5nm 为间隔。

$$风险估计_{无保护} = \sum S(\lambda) \cdot A(\lambda) \cdot \Delta\lambda \tag{2}$$

式中,$S(\lambda)$为光谱源($W \cdot m^2/nm$);$A(\lambda)$为被测量响应的作用光谱(无量纲);$\Delta\lambda$ 为由测量的实验条件决定的带宽(nm)。对织物保护皮肤的风险估计是将每个波长的风险值乘以在每个波长织物的透光率 $T(\lambda)$,并求和得到。

$$风险估计_{有保护} = \sum S(\lambda) \cdot A(\lambda) \cdot T(\lambda) \cdot \Delta\lambda \tag{3}$$

最后,UPF 的计算如下:

$$UPF = \frac{风险估计_{无保护}}{风险估计_{有保护}} = \frac{\sum S(\lambda) \cdot A(\lambda) \cdot \Delta\lambda}{\sum S(\lambda) \cdot A(\lambda) \cdot T(\lambda) \cdot \Delta\lambda} \tag{4}$$

很显然,UPF 的计算不仅取决于所用的光谱分布和获得透光率所采用的扫描间隔,也取决于作用光谱的选择。

UPF 值给出了织物保护被其覆盖下的皮肤不受晒伤的能力。测试中使用的照射波长限于 UVA 和 UVB 的范围(没有可见光或红外线)。红斑作用光谱被用于对透射率数据进行加权。织物的 UPF 值越高,对织物下皮肤的保护能力越好。UPF 说明了当人们穿着这样的织物在太阳下皮肤出现与未穿时相同的红斑响应相比较能停留的更长的时间。

因为织物的透光率通常会随着紫外线和可见光波长的不同而变化显著,因此,就织物对非紫外区波长敏感皮肤的保护性能而言,UPF 并不是一个好指标。同样,利用 McKinlay – Diffey 红斑作用光谱计算得到的 UPF,就织物对光敏性皮肤的保护性能来讲,也不是一个好指标,因为该计算并未使用光敏性适用的作用光谱。

4.2.2 SPF 值和 UPF 值的比较

理论上,在织物样品上给定相同的入射光谱分布时,任何织物的 SPF 值和 UPF 值都应该是相同的,然而,事实证明并非如此。

Gies 等[15]报道了保护因子介于 10～200(SPF > 50 被记为“50 +”)的 16 种织物体外 UPF 值和活体 SPF 值之间非常良好的一致性,但是这些研究人员报道的仅仅是保护类别中的一个误分类。另外,Menzies 等[16]报道:如果人体试验是在“皮肤上”进行时,6 例中有 5 例人体试验的 SPF 值是小于体外试验的 UPF 值。当人体试验是在“离开皮肤”2mm(一例是 8mm)情况下完成时,SPF 值与 UPF 值之间获得了更好的一致性。Greenoak 和 Pailthorpe[17] 测量了 22 种织物,其中 21 例获得的 SPF/UPF 比值明显小于 1。

若干研究已部分揭示了观察到的这种不同的原因。Menzies 等[16]也发现,与在 6 种试验织物上获得的结果相反,由标准化的中性密集薄膜网状物得到的 UPF 值与其活体的 SPF 值具有很好的一致性。他们将织物 UPF 值与 SPF 值的不一致性归结于织物透射的不均匀性(“孔效应”)。

Ravishankar 和 Diffey[18] 发现,织物 SPF 值具有部位依赖性,并始终高于按照标准方法测定的相应 UPF 值。他们将该结果归结于这样的观点:标准的 UPF 测试是用准直光源对织物保持正常照射进行,当照射灯围绕传感器呈弧形旋转时,UPF 值将随着入射角的增加而增加,这是由于光穿过织物的路径变长了。Ravishankar 和 Diffey[18] 认为,在实践中,这种情况更接近于在“真实世界”中发生的情形,因为太阳就是一个漫射光源。后一种观点获得了 Moehrle 和 Garbe[19] 工作的支持。他们发现,采用太阳与附于曝光部位的余弦校正剂量仪相结合测得的 SPF 值,比使用传统准直光源配套测量获得的值要高。

显然,这是一个有很多相反实验参数的复杂领域。需要更多的系统研究来区分每一个参数各自的影响。

4.2.3 标准测试方法

目前各自拥有标准测试方法的国家有澳大利亚/新西兰(AS/NZS 4399[20]),美国(AATCC TM 183[21])和英国(BS 7914[22])。所有这些方法都描述了测定通过织物的紫外线辐射透过率的步骤,并说明了被测织物的 UPF 是如何计算的。虽然所有计算都是基于上面给出的方程式,但考虑到扫描间隔、织物样本在仪器中的放置位置以及其他可能影响织物透过率和 UPF 计算的细节,各个标准方法会彼此不同。此外,各标准中指定的红斑作用光谱也不尽相同,它可以是基于新墨西哥州阿尔伯克基的光谱分布,也可以是澳大利亚墨尔本的光谱分布。

虽然标准制定机构认识到了存在许多因素影响透过率的测定,但这些因素仍然没有被列入标准。两个主要的因素是织物水分含量和张力状态。大家知道,湿润织物样本的紫外线透过率可以明显低于相同织物样本处于“干燥”状态(即回潮率)的紫外线透过率。可吸收大量水分的棉织物和其他纤维素织物在湿润(饱和)与干燥情况下的UPF值之间的差异是最大的,而聚酯纤维和合成纤维在湿润和干燥情况下UPF值之间的差异则要小很多。目前尚无标准化的程序确保送入检测仪器的织物具有一致的水分含量。由于一些标准制定机构意欲测定织物的最低UPF值,因此可以期待这样的程序出现。

织物样本的张力状态也会极大地影响通过织物的紫外线透过率和以此数据计算的UPF值。"张力状态"是指织物在透过率测定时是处于拉伸还是松弛的状态。在完全无张力(拉伸)和全张力状态下测量的UPF之间具有最大潜在差异的织物是市场上那些所谓的"弹力织物"。它们中的许多都包含着一种被称为"氨纶"的纤维(弹性纤维)。张力状态的微小变化会对通过织物的紫外线透过率产生显著影响,拉紧会在织物上造成更大的"洞",因此,这些地方没有材料来反射或者吸收入射到织物表面的紫外线。

明确被用于紫外线透过率检测的织物的"使用"状态也是令人关注的,这些关注主要是由于考虑标签的问题。紫外线防护纺织品标签的UPF值,反映了该织物在其使用期内能提供的最低保护作用。织物的正常磨损和洗涤,织物在使用过程中暴露在紫外线辐射之下和/或在含氯水中都可能降低织物的保护性能。美国材料与试验协会(ASTM)有一个标准化的做法(ASTM D 6544[23]),它明确规定:织物一定要洗涤50次,暴露于在美国纺织化学家和染色家协会(AATCC)规定的100褪色单位的模拟阳光之下,这大致相当于两年的日照量。如果织物是用于制作泳装,那么在做紫外线透过率测定之前,还必须先暴露在含氯的游泳池水中。

会显著影响织物UPF值的无数因素给任何想要制定一套织物保护标准的组织都提出了挑战,大大加剧了任务的困难程度。人们总是期待所谓"正确的"或"最现实的"标准来评估防紫外线织物对消费者的保护。这不是一个简单的问题,但人们由于在法律、医学和商业方面的考虑,仍然在继续推动着找到一个"最佳解决方案"。

4.3 防其他光生物学影响

皮肤科医生已经注意到,织物对皮肤的保护作用远不止防止晒伤。例如,Bech -

Thomsen 等[24]在观察一个着色性干皮病(XP)患者后得出结论:服装的紫外线透过率与皮肤肿瘤的发生之间存在直接的关系。在该病人遵医嘱穿着几乎不让紫外线透过的皮衣和牛仔布衬衫之后,她的皮肤状况出现明显不同。进一步在该病人房屋窗户和车窗上使用 UVA 阻隔膜之后,其着色性干皮病(XP)的临床表现减少。O'Quinn 和 Wagner[25]对一个总是穿着牛仔衬衫在户外工作的病人进行了研究,这些衬衫在抵肩处是双层面料,在其他身体部位是单层面料,O'Quinn 和 Wagner 观察到:该病人抵肩覆盖的皮肤范围内皮肤癌细胞数目明显少于其他身体部位。

4.3.1 紫外线引起的皮肤癌

Menter 等[26]对比研究了 SPF >30 的织物与 SPF 为 6.5 的织物防止皮肤在太阳辐射下发生皮肤癌的能力。他们采用快速肿瘤诱导技术[26],将皮肤被测试织物保护的 Sk-1 无毛小白鼠暴露在模拟阳光的紫外线照射下,其剂量比可导致无保护的无毛小白鼠患鳞状细胞癌(SCC)的剂量高 7 倍。在这样的情况下,SPF >30 的织物完全防止了癌变(癌前病变),而受 SPF 为 6.5 的织物保护的小鼠与无保护的(阳性)对照组小鼠患上了同样程度的鳞状细胞癌。这项研究表明,穿着服装本身并不一定能防止患皮肤癌。虽然 SPF 值不是防止皮肤癌的确切指标,但很明显,“高 SPF 值”的织物比“低 SPF 值”的织物提供了更好的保护作用。正是由于有织物的这个高 SPF 值,所以人们目前还没有尝试定量评估对太阳诱导肿瘤的保护作用。

紫外线诱导的 DNA 损伤引起了 p53 蛋白的过度表达。Berne 等[27]认为,这可以作为一种短期的“替代性评估指标”,适用于评估防晒霜和织物对人体皮肤癌的防护作用。他们研究了一种外用防晒霜和一种蓝色劳动布织物对夏季阳光下长期暴晒皮肤 p53 蛋白表达的影响。其中一组,7 个人在不同的度假区度过了 5~9 周的暑假,每天早上,他们在一个前臂背侧特定范围涂上 SPF15 的防晒霜。第二组的 11 个人在相似的 5~10 周的暑假中始终保证一个前臂被带有遮蔽敷料(SPF20)的蓝色牛仔布织物(SPF1,700)所覆盖。两组人员的另一只前臂都作为未处理的对照样。两组人员受保护和不受保护部位皮肤的活组织检查通过可识别野生型和突变形 p53 蛋白的免疫组化染色来完成。在受到防晒霜或劳动布织物保护的皮肤区域的免疫阳性角质细胞数量明显低于未受保护区域。防晒霜、遮蔽敷料和牛仔布似乎有不同程度的防晒效果。结果表明,高 SPF 织物对影响p53 蛋白表达的紫外线的防护能力会达到一个“高峰”，在此之后额外的防护具有边际效应。

4.3.2 对维生素 D 光化合成的阻断

在阳光照射下，表皮中的 7－脱氢胆固醇（7－DHC）会经过由 UVB 辐射激活的反应光解合成维生素 D_3 前体，它会通过一个热过程转化成维生素 D_3。Matsuoka 等[28]测量维生素 D_3 的循环浓度，以此作为人体 UVB 暴露量的一种测量方法。全身暴露在亚红斑剂量之下时，未穿衣服的受试者血清中维生素 D_3 的含量明显升高。这种情况可以通过季节性着装来减弱或完全避免。有人担心：在遮盖严密的文化中存在的长期大范围的织物覆盖可能导致维生素 D 缺乏症。这被认为是织物的保护作用可能带来的有害后果。因此，当个人出于某种原因必须严格避免阳光照射时，应采取合理的谨慎措施。

4.3.3 光动力疗法（PDT）后的光毒性

卟啉代谢过程中的普通代谢产物 5－氨基乙酰丙酸（ALA）会导致强效光敏剂原卟啉 IX 的产生，它会优先在肿瘤组织中占位，随后的可见光照射对该组织而言是有毒的。因此，具有光敏作用的 ALA 经常在光动力疗法中使用。Menter 等[29]通过将 ALA 外用于无毛小鼠的皮肤上，测试了两种织物的保护能力，在这项研究中使用了与以前研究致癌作用时[26]相同的两种织物。

ALA 致敏的作用光谱位于可见光范围内[11,30－31]。因此 ALA 的光敏响应可以被看作是实际到达皮肤的所有可见波长的指示剂。为此，Menter 等[28]用钨卤素光源发射 380～800nm 的连续可见光谱。最小的光毒性剂量（MPD）是由一组没有织物保护的无毛小鼠实验来确定的，然后将 MPD 的倍数通过每种织物给予小鼠。就 SPF $>$30 的织物而言，估算的保护系数的上限为 25～30，而 SPF 6.5 的织物提供的对可见波长的保护系数则小于 2.5。后者的差异可以用织物的透光性来解释。采用紫外线吸收涂层对 SPF 6.5 织物进行处理，这给织物增加了对红斑波长的保护，但对光动力治疗（PDT）反应活跃的可见波长不起作用。SPF $>$30 的织物对可见光以及紫外光都具有更好的阻挡作用，即使这样，对紫外线的防护能力还是要好一些。这强调了一个突出的结论，即织物一般来讲并不仅只是碰撞辐射的中立的散射物。

4.4　总结与结论

太阳对生命是必不可少的。然而,太阳光也是导致晒伤、晒黑、癌前和恶性病变等有害影响的根源。这些影响都可能发生在对阳光有正常反应的人身上。此外,还存在各种对阳光的"异常的"光敏反应,这可能是由于内源性失调(如卟啉)或额外的外源性因素(如药物光敏)造成的。总的来说,对阳光的"正常"反应是由UVB(290~320nm)优先引起,UVA(320~400nm)也有小部分作用。与此相反,大多数情况下的"异常"光敏性反应主要由较长波长的UVA诱发,在某些情况下也会由可见光引起。

近20年来,织物作为光防护材料的应用受到了广泛的关注。在这个领域绝大部分工作都与织物的防晒有关。除了织物SPF的活体测量外,织物UPF的体外评价也已在世界各地的许多实验室进行。UPF值是由基于波长的织物透光性、太阳紫外光谱和290~400nm波长范围内的红斑作用光谱估算得出的。根据织物的不同,UPF值的范围从2到数千不等。最近已经清楚,洗涤、日晒、湿度、润湿和拉伸程度等环境因素都对织物的防护性能产生重要的影响,而且保护作用也可能因添加染料、紫外吸收剂和荧光增白剂等而发生改变。

到目前为止,对织物除晒伤红斑外的其他防护研究相对较少。而且,许多可以对晒伤提供出色保护的织物,并不能对内源或外源吸收分子引起的光敏化作用和(癌前)恶性病变提供足够的保护。今后的研究应明确讨论防晒织物对由波长较长的UVA或可见光引起的光敏疾病的防护效率。

致谢

作者衷心感谢来自美国国家卫生研究院的GM08248MBRS项目和03034RCM1项目经费支持,衷心感谢Robert M. Sayre博士为我们提供了图4-1数据。

参考文献

[1] Hawk JLM, Norris PG: Abnormal responses to ultraviolet radiation: Idiopathic;

in Fitzpatrick TB, Eisen, AZ, Wolff, K, Freedberg IM, Austin KF (eds): Dermatology in General Medicine, ed 4. New York, McGraw - Hill, 1993, pp 1661 - 1676.

[2] Harber LC: Abnormal responses to ultraviolet radiation: Photosensitivity diseases; in Fitzpatrick TB, Eisen AZ, Wolff K, Freedberg IM, Austin KF (eds): Dermatology in General Medicine, ed 4. NewYork, McGraw - Hill, 1993, pp 1677 - 1689.

[3] Parrish JA, Jaenicke KF, Anderson RR: Erythema and melanogenesis action spectra of normal human skin. Photochem Photobiol 1982; 64: 187 - 191.

[4] Anders A, Altheide HJ, Knaelmann M, Tronnier H: Action spectrum for erythema in humans investigated with dye lasers. Photochem Photobiol 1995; 61: 200 - 205.

[5] McKinley AF, Diffey BL: A reference action spectrum for ultraviolet - induced erythema in human skin; in Passchier WF, Bosnjakovic BFM (eds): Human Exposure to Ultraviolet Radiation: Risks and Regulations. Amsterdam, Excerpta Medica, 1987, pp 83 - 87.

[6] De Gruijl FR, Sterenborg HJCM, Forbes PD, Davies RE, Cole C, Kelfkens G, van Weelden H, Slaper H, and van der Leun JC: Wavelength dependence of skin cancer induction by ultraviolet irradiation of albino hairless mice. Cancer Res 1993; 53: 53 - 60.

[7] Atillasoy ES, Seykora JT, Soballe PW, Elenitsas R, Nesbit M, Elder DE, Montone KT, Sauter E, Herlyn M: UVB induces atypical melanocytic lesions and melanoma in human skin. Am J Pathol 1998; 152: 1179 - 1186.

[8] Setlow RB, Woodhead AD: Temporal changes in the incidence of malignant melanoma: Explanation from action spectra. Mutat Res 1994; 307: 365 - 374.

[9] Kligman LH, Sayre RM: An action spectrum for ultraviolet - induced elastosis in hairless mice: Quantification of elastosis by image analysis. Photochem Photobiol 1991; 53: 237 - 242.

[10] Bickers DR, Pathak MA, Lim HW: The porphyrias: in Fitzpatrick TB, Eisen AZ, Wolff K, Freedberg IM, Austin, KF (eds): Dermatology in General Medicine, ed 4. New York, McGraw - Hill, 1993, pp 1854 - 1893.

[11] Goff BA, Bachor R, Kollias N, Hasan T: Effects of photodynamic therapy with topical application of 5 - aminolevulinic acid on normal skin of hairless guinea pigs. J Photochem Photobiol B 1992; 15: 239 - 251.

[12] Federal Register: Sunscreen drug products for over - the - counter human

drugs. 21 CFR part 352,1978;38206 – 38269.

[13] Federal Register May 21,1999:Sunscreen drug products for over – the – counter human use. Final Monogr 21 CFR parts 310,352,700,740. Vol 64(98):27666 – 27693.

[14] Gies HP, Roy CR, McLennan A, Diffey DL, Pailthorpe M, Driscoll C, Whillock M, McKinlay F, Grainger K, Clark I, Sayre RM:UV protection by clothing:An intercomparison of measurements and methods. Health Phys 1997;73:456 – 464.

[15] Gies HP, Roy CR, Holmes G:Ultraviolet radiation protection by clothing:Comparison of in vivo and in vitro measurements. Radiat Protect Dosimetry 2000;91:247 – 250.

[16] Menzies SW, Lukins PB, Greenoak GE, Walker PJ, Pailthorpe MT, Martin JM, David SK, Georgouris KE:A comparative study of fabric protection against ultraviolet – induced erythema determined by spectrophotometric and human skin measurements. Photodermatol Photoimmunol Photomed 1991;8:157 – 163.

[17] Greenoak GE, Pailthorpe MT:Skin protection by clothing from the damaging effect of sunlight. Australasian Textiles 1996;Jan/Feb:61.

[18] Ravishankar J, Diffey B:Laboratory testing of UV transmission through fabrics may underestimate protection. Photodermatol Photoimmunol Photomed 1997;13:202 – 203.

[19] Moehrle M, Garbe C:Solar UV protective properties of textiles. Dermatology 2000;201:82.

[20] Standards Australia/Standards New Zealand:AS/NZS 4399:1996; Sun – protective clothing – Evaluation and classification. Homebush, NSW, Australia/Wellington, New Zealand, 1996.

[21] American Association of Textile Chemists and Colorist. AATCC TM 183 – 1998 Transmittance or blocking of erythemally weighted ultraviolet radiation through fabrics. AATCC Tech Manual. Research Park/NC, AATCC, 2000.

[22] British Standards Institute:BS 7914:1998 method of test for penetration of erythemally weighted solar ultraviolet radiation through clothing fabrics. London, BSI, 1998.

[23] American Society for Testing and Materials:ASTM D 6544:Standard Practice for the Preparation of Textiles Prior to UV Transmittance Testing. Conshohocken/PA, American Society for Testing and Materials, 2000.

[24] Bech – Thomsen N, Wulf HC, Ullman S: Xeroderma pigmentosum lesions related to ultraviolet transmittance by clothes. J Am Acad Dermatol 1991;24:365 – 368.

[25] O'Quinn RP, Wagner RF Jr: Unusual patterns of chronic photodamage through clothing. Cutis 1998;61:269 – 271.

[26] Menter JM, Hollins TD, Sayre RM, Etemadi AA, Willis 1, Hughes SNG: Protection against UV carcinogenesis by fabric materials. J Am Acad Dermatol 1994;31:711 – 716.

[27] Berne B, Ponten J, Ponten F: Decreased p53 expression in chronically sun – exposed human skin after topical photoprotection. Photodermatol Photoimmunol Photomed 1998; 14:148 – 153.

[28] Matsuoka LY, Wortsman J, Dannenberg MJ, Hollis BW, Lu Z, Holick MF: Clothing prevents ultraviolet B radiation – dependent photosynthesis of vitamin D_3. J Clin Endocrinol Metab 1992;75:1099 – 1103.

[29] Menter JM, Hollins TD, Hughes SNG, Sayre M, Etemadi AA, Willis I: Protection against photodynamic therapy (PDT) – induced photosensitivity by fabric materials. Photodermatol Photoimmunol Photomed 1998; 14:154 – 159.

[30] Marcus SL, Sobel RS, Golub AL, Carrol RL, Lundahl S, Schulman DG: Photodynamic therapy, (PDT) and photodiagnosis (PD) using endogenous photosensitization induced by 5 – aminole vulinic acid (ALA). Current clinical and developmental status. J. Clin. Laser Med. Surg. 1996; 14:59 – 66.

[31] Gudgin Dickson EF, Pottier RH: On the role of protoporphyrin IX photoproducts in photodynamic therapy. J Photochem Photobiol 1995; B: Biology 29:91 – 93.

5 洗涤对防止皮肤感染的影响

Josef Kurz

海恩斯坦研究院/施洛斯海恩斯坦,伯尼希海姆,德国

5.1 经验

在为工业和公共洗衣店服务时,海恩斯坦研究院也接收需要进行测试以检查其是否具有皮肤刺激性危险的纺织品,这些构成了来自穿着工作服的人们或洗衣店客户投诉的基础。洗衣店和那些纺织品使用者之间的意见分歧主要是基于这样一个事实,即洗衣店认为是这些穿着者/用户有着特别敏感的皮肤,而另一方则认为是洗衣店对这些物品没有采取适合的洗涤方法。我们在这里将不会对这个进行详细论述,因为研究所更感兴趣的是这些报告提交的频率和时间。

5.1.1 频率

在德国每年大约有25亿件物品在工业和公共洗衣房进行清洗,有60~70件被送到研究所检测,换句话说,每4,000万件清洗的物品中有一例皮肤刺激性的投诉[1]。关于全国清洗纺织品引起的投诉没有确切的数字,但是生产洗涤剂公司的内部统计显示了与工业洗衣店相似的关系。通过这些数据,我们可以推断,目前工业、公共和家庭洗衣店的洗涤质量不会对大众的健康构成任何的危险。

5.1.2 季节分布

数据仅适用于工业和公共洗衣房。研究所的报告来源于医院、商业洗衣店、工业和商业公司、食品公司以及个别情况下来源于私人消费者(图5-1)。

假定德国的工业和公共洗衣店在全年提供一个基本统一的标准(我们可以假

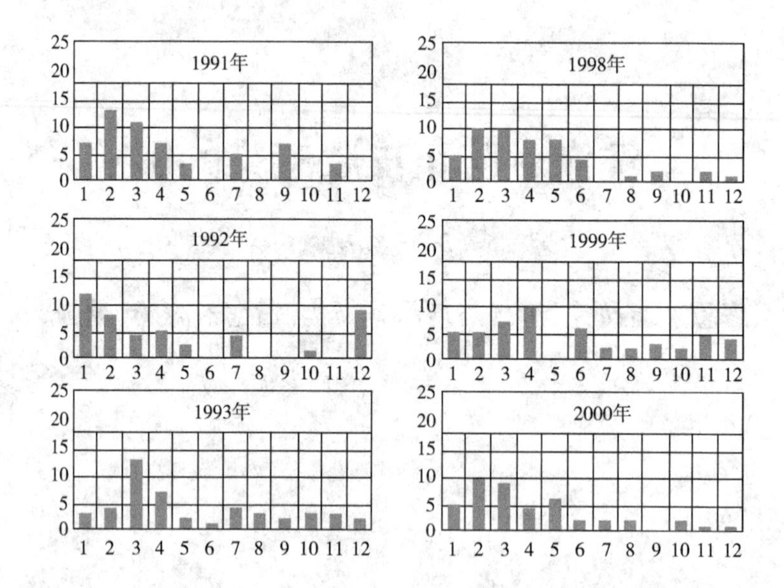

图 5 - 1　20 世纪 90 年代开始三年和最后三年穿着或使用过程中出现皮肤刺激的统计数据
（研究院无法检验这些结论是否合理，然而我们可以假设纺织品和皮肤之间发生了反应）

设是这样的情况），那么很明显，这些报告提交的频率随季节而改变。需要注意的是，纺织品一般并不是在出现皮肤刺激问题时便提交给研究院的，发生皮肤刺激性的时间可追溯到 2 ~ 4 周前，这就意味着在 1 月提交的问题可能发生在前一年的 12 月。值得注意的是，提交的纺织品并没有进行皮肤试验。因此不可能确切地说，这些有问题的纺织品是否会以一种可以客观测量的方式造成刺激性的危险。只能通过对提交的纺织品进行化学的和物理的测试，来确定他们是否采用了最先进的技术进行洗涤。

5.1.3　纤维与纺织品种类

由工业和公共洗衣房提交的纺织品只包含了两种不同的纤维：棉和聚酯。聚酯总是出现在棉混纺织物中，图 5 - 2 给出了按纤维类型分类的提交物百分比。

为了解释图 5 - 2 的统计结果，我们需要知道提交纺织品的洗衣房的组成。在德国近 95% 的床单是纯棉的，但工作服和防护服的情况并非如此。实际上，这些服装至少 90% 是涤棉混纺，混纺比在 35% ~65% 之间。整个这一类大约只有 10% 是由纯棉组成（在纺织术语中，纯棉是指由 100% 的棉花组成，“纯”在这里并不是指“干净”或者“无杂质”的意思；这可以定义为“无残留”）。如果将棉与涤棉混纺 10∶90 的实际使用量与提交到研究院的真实投诉相比较，就会发现 40∶60 的比例，

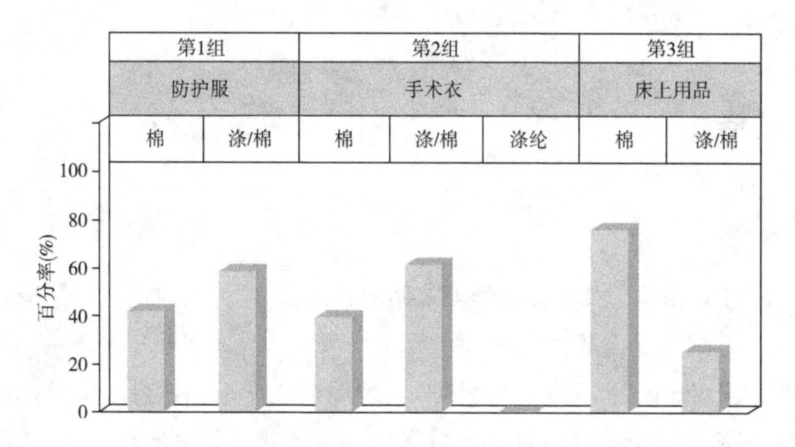

图5-2　由工业和公共洗衣房在2000年提交的纯棉和涤/棉织物百分率
（单纯聚酯很少成为投诉对象）

这意味着棉比涤棉混纺引起刺激性反应的频率要高得多(图5-3)。特别有趣的是,由床单引起的皮肤过敏不断下降,而因工作服引起的过敏持续上升,至少增加到1994年和1999年。防护服(包括手术衣等)平均比工作服和床单发病率更高。这大概与手术人员皮肤更敏感的事实有关,因为按照手术消毒程序,他们必须经常清洗他们的皮肤。

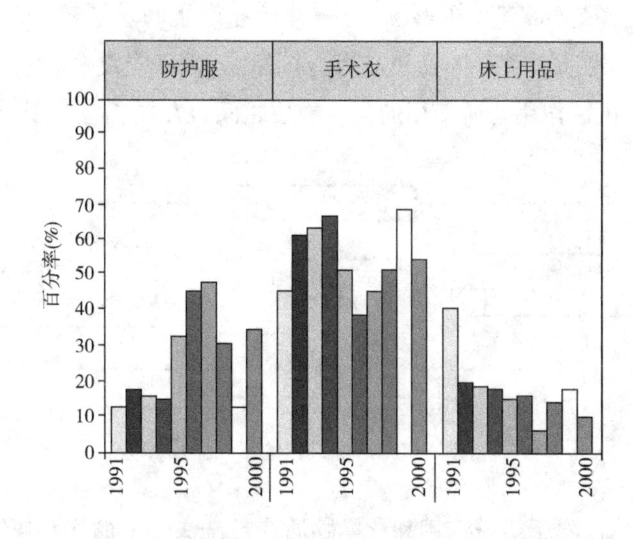

图5-3　各年份不同应用领域纺织品导致皮肤过敏的百分率

海恩斯坦研究院汇编的商业洗衣部门的信息凸显了很有意义的两点:一是投诉的商品与清洗商品的数目相比较,所占比例是微不足道的;二是投诉主要涉及棉。

5.2 洗涤

5.2.1 概况

如果要了解洗涤对纺织品的影响之间的联系，并评估其对皮肤的影响，那么以下关于洗涤的观点是很重要的。

根据定义，洗涤是指利用水和洗涤剂，利用机械作用和热量，去除纺织品中的污渍。在洗涤专业术语中，常使用机械作用、化学作用（与洗涤剂相关）、时间和温度（提供热量）等术语。

这四个因素的比例决定了洗涤过程的类型。例如，一个标准洗涤过程的定义是，所有四个因素的比例是相同的。一个温和过程是采用较弱的机械作用，较短的洗涤时间和较低的洗涤温度，但具有较高比例的化学品（洗涤剂）。

例如，在95℃的煮沸洗涤程序中，热量比例较大，时间更短，但与标准洗涤过程中的机械作用和化学品用量差不多。

为了了解洗涤对防止皮肤刺激的影响，简单地将清洗过程分为两类更有意义：一种是对被清洗的物品有直接影响，另一种是只产生间接影响，如图5－4所示。机械作用和化学物质对被清洗物质具有直接影响，洗涤温度和时间可增加或减少该影响。同时，机械作用与所使用的化学物质之间也存在相互作用。

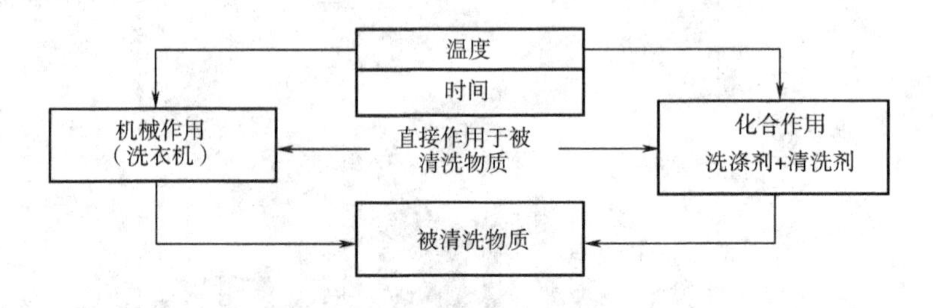

图5－4　清洗过程的影响作用

以下的讨论仅限于机械作用和化学物质在被洗涤物上的相互作用。

5.2.2 洗涤机械作用

洗涤的机械作用可以理解为旋转滚筒或手洗过程中的摩擦/刷洗所产生的机

械力的物理效应。因为在工业国家近95%的洗衣房都是采用机械洗涤,所以,我们只需要考虑这种形式。

机械作用是洗涤过程中提供液体流动的必要条件,并且通过被洗涤物之间的相互摩擦,而除去仅靠液体流动无法被清除的不溶性污渍。这影响了被洗涤物的耐用性,并使织物表面起毛起球。这种情况发生的程度取决于机械作用的强度和被清洗物的易损程度。然而,如果洗涤方式是正确的,这种改变是很轻微的,只有在25~50次洗涤周期后才可能注意穿着舒适性的具体变化。洗衣机机械作用强度的度量称为延迟因子,它是指滚筒体积和每分钟转数的乘积。这个延迟因子对被洗涤物具有更大的影响,洗涤时间越长,温度越高(图5-4)。

洗涤剂和漂白剂中的化学品增加了延迟因子的影响,使纺织品更为敏感,因为该纤维的溶胀(碱作用)或漂白剂的作用使得机械作用可在更大的程度上影响纤维。

5.2.3 化学作用(洗涤剂)

为了清楚说明洗涤过程的化学作用,表5-1[2]列出了用于检测清洗作用的欧洲标准化洗涤剂配方。

表5-1 A型无磷IEC-456型试验洗涤剂(1994年4月配方)

成分	含量(%)	类型
线型烷基苯磺酸盐 C * agent = 11.5(阴离子表面活性剂)	7.5	
$C_{12\sim18}$-脂肪醇聚氧乙烯醚EO_7(非离子表面活性剂)	4.0	表面活性剂
肥皂(65% $C_{12\sim18}$,35% $C_{20\sim22}$)	2.8	
碳酸钠	9.1	碱
丙烯酸-马来酸共聚物(CP_5)组成的钠盐	4.0	
硅酸钠(SiO_2:Na_2O = 3.32:1)	2.6	
羧甲基纤维素	1.0	促净剂
乙二胺四乙酸乙酯(EDTA)	0.2	
磺酸钠,水,泡沫抑制剂	20.1	
沸石A	25.0	
二苯乙烯光亮剂	0.2	荧光增白剂
Eny zme粒状蛋白酶(活度300.00)	0.5	酶
过硼酸钠	20.0	漂白剂
四乙酰基乙二胺(TAED)	3.0	

在工业中所界定的化学一词，与洗涤过程中由化学品对污渍的影响而确定的若干子类有关。如果我们把化学看作是原子或分子反应引起的个体要素组成变化的所有过程，那么化学当然不超过20%。这一术语只适用于由漂白剂引起的污渍变化或离子作用使解离物质溶解在水中的过程。因此，这个经典意义上的化学只占了极小的一部分，然而，它与洗涤纺织品中污渍的去除有关。

大约有80%的化学作用主要来源于物理化学，包括涵盖以下过程的胶体化学：使用表面活性剂和相关助剂溶解不溶性污渍成分的乳化过程，如皮脂质、蜡、油等。在这个过程中，污渍成分和表面活性剂的化学结构保持不变。

为了分散颜料和其他大分子胶体物质（蛋白质、淀粉等），表面活性剂必须能引起纤维表面的解吸，并在液体中具有较高的污渍承载能力。

总之，洗涤包括了许多物理、化学和物理化学过程，这些过程在热和时间的影响下，会导致增溶、乳化、溶解和分散，主要目的是去除纺织品上的污渍，同时尽可能保护被清洗物。这也清楚地表明：从皮肤学的角度来看，贴身穿着的纺织品不能被描述为“干净”。因此，在下一节中，我们将尝试对纺织品的各种影响进行分类，并以一种可以在医学上评估的方式呈现出来。

5.3 洗涤对纺织品性能的影响

首先，明确定义洗涤过程和其他处理过程，如软化处理、上浆处理、防水处理等如何影响纺织品是很重要的。总的说来，需要区分纺织品的纤维物质或其工艺性质的不可逆转变化与纺织品上发现的外来物，这些外来物一般是由于穿着、水和洗涤剂带来的不受欢迎的残留物，但也可能是理想的残留物，如光学增白剂、香精、柔软剂、后整理剂和防水剂。穿着产生的残留物可能由污渍或微生物组成，可见或不可见的污渍在纺织品经过洗涤后不应该存在，除非是无法去除的污渍。因此这方面不再详述。以细菌、真菌和病毒形式存在的微生物是严重的问题，必须被视为皮肤刺激性的可能来源。

即使在洗涤剂中使用柔软剂，水的残留物也可能以钙和镁的形式沉积在纺织品上，洗涤剂和整理剂残留物之间有着根本的区别：来自洗涤剂的残留物（图5-5，加星号）是洗涤过程中不受欢迎的副产品，而后整理剂则是需要在纺织品上保留的。

图5－5中的各点将根据它们的编号进行讨论。

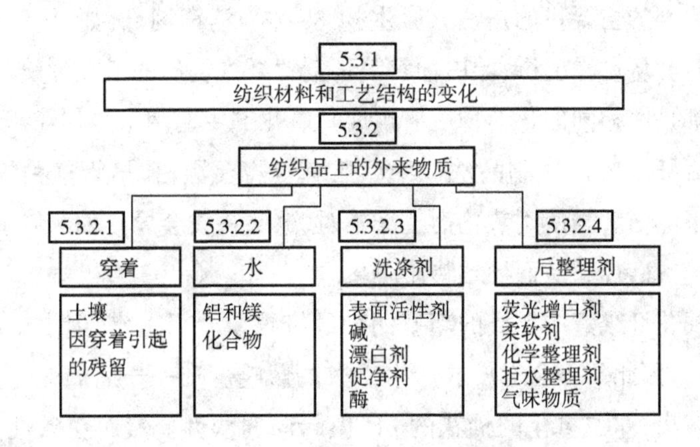

图5－5　纺织品因洗涤或外来物质的存在而可能发生的变化

5.3.1　纺织材料和工艺结构的变化

如第5.2节所述，机械洗涤作用和化学作用是影响被清洗物的两个因素。在这里，我们将考虑纺织材料和纺织品表面性质是如何因为洗涤而改变的。因此，重点在于实际的纺织材料本身，而不是洗涤中的各种残留物。这涉及构成纤维的物质，例如：天然纤维素（棉花、亚麻），蛋白质（羊毛、丝绸），再生纤维素（黏胶、醋酸酯）和合成高聚物（聚酰胺、聚酯、聚丙烯酸）。

洗涤过程中有效的化学作用只以漂白剂和碱的形式对纤维物质产生影响。在一般情况下，只有具有氧化作用的漂白剂是广泛使用的；在碱性介质中这些漂白剂包括过氧化氢、过氧酸（通常是过氧乙酸）、过硼酸、次氯酸钠。具有还原作用的漂白剂，例如亚硫酸和保险粉，只在个别情况下使用，例如，如果需要消除变色或除去物品上顽固的黏附污渍。

5.3.1.1　碱

碱性物质，如苏打和偏硅酸盐，会引起纤维素纤维溶胀，从而使纤维对机械洗涤作用更为敏感，但它们根本不能用于蛋白质纤维，因为会引起碱的残留。

5.3.1.2　氧化剂

如果使用氧化剂的目的是使纺织品洁净，即去除污渍，则称为漂白剂。这一术语常用于家庭及商业洗衣店。

如果氧化剂的主要目的是消灭微生物,则称为消毒剂,例如,用过氧乙酸对衣物进行消毒时。从逻辑上讲,漂白剂和消毒剂对纤维物质的潜在影响没有差别,因为它们可能都是由相同的化学物质所组成。氧化剂主要用于纯棉纺织品及棉与黏胶纤维和合成纤维的混纺制品洗涤中。亚麻也需要漂白,尽管这种情况不常见。羊毛和丝绸不漂白。当使用氧化剂洗涤棉时,这些物质会导致伯醇转变为羧酸,仲醇转化为醛,氧键解离,从而导致物质解聚。

这些在棉花纤维素中形成的新基团使纤维物质变得拒水,但由于纤维素具有很好的亲水性,因此并不会对皮肤产生持久的影响。唯一长期的变化是羧基增多引起氢离子解离,即被氧化的棉花的 pH 值趋向弱酸性。然而在碱性介质中洗涤时这并不会影响纺织品。

棉织物是否发生氧化反应可采用斐林试剂来检测。棉花氧化反应的半定量检测方法是采用显微镜观察在稀氢氧化钠溶液中棉花的溶胀反应。

5.3.1.3 纤维物质上的机械作用

在物理化学术语中,纺织纤维被描述为不溶于水的胶体。重要的是这个胶体性是以纤维溶胀的程度来表示的。溶胀的程度与从空气中吸收的水量成正比。通过比较,在相对湿度为65%、20℃的空气中,棉花可吸收大约占自身重量10%的水,而同样条件下,羊毛的吸水量为自身重量的15%。

溶胀关系到纺织纤维对机械作用的稳定性,溶胀程度越高,换句话说就是:溶胀吸收的水越多,机械洗涤作用对纤维的影响越大。由于合成纤维(例如聚酯)具有极低的湿膨胀率,即使经过100次洗涤周期后,纤维的表面也几乎没有变化。而棉纤维在经过50次洗涤周期后,表面就会有明显的裂痕。就纺织品和皮肤之间的相互作用而言,这意味着棉纤维更容易起绒,更可能划伤皮肤,可能对皮肤有强烈的机械作用(图5-6)。羊毛在湿润时对机械作用的抵抗力很低,因此,羊毛不像棉花那样可洗,羊毛会缩水并擀毡。这不仅是由于溶胀作用,事实上,这还与羊毛纤维表面有鳞片覆盖有关。在湿润条件下存在机械运动时,羊毛纤维会因为鳞片钩缠在一起。这就是所谓的缩绒,这也意味着粗纺毛织物经过这种洗涤后会变得更柔软和丰满,这对皮肤有着积极的影响。

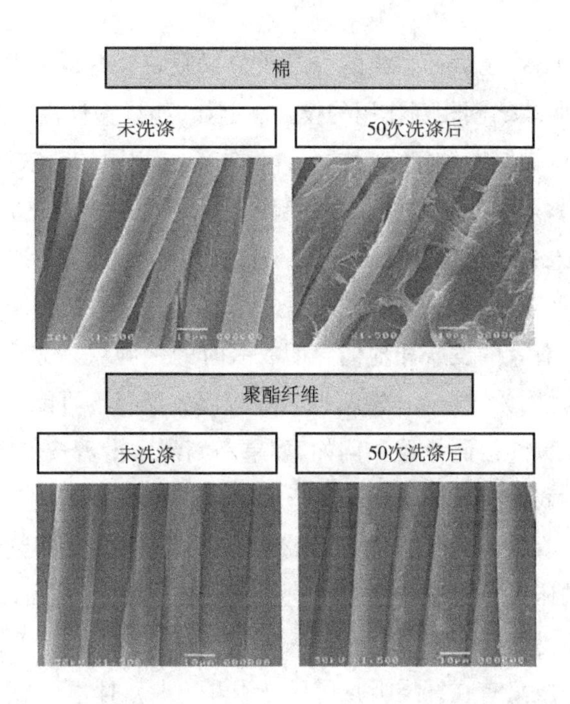

图 5－6 棉纤维和聚酯纤维未洗涤和 50 次洗涤后的扫描电子显微镜照片

5.3.1.4 工艺性能

这里指的是纺织面料或衣物的变化。在实践中观察到以下影响：

织物表面起绒（图 5－7）。洗衣机的机械作用使纤维从复合纱（包芯纱）或加捻纱中跑到织物表面，使面料被离开表面的细纤维所覆盖。虽然这对织物的外观有负面影响，即颜色不太清晰，但从生理角度看，这种材料比新的或较少洗涤的织物更好，它们具有较好的穿着舒适性的原因是这些纤维在皮肤和纺织品之间起到隔离的作用，使面料不会紧贴到湿润的皮肤上。

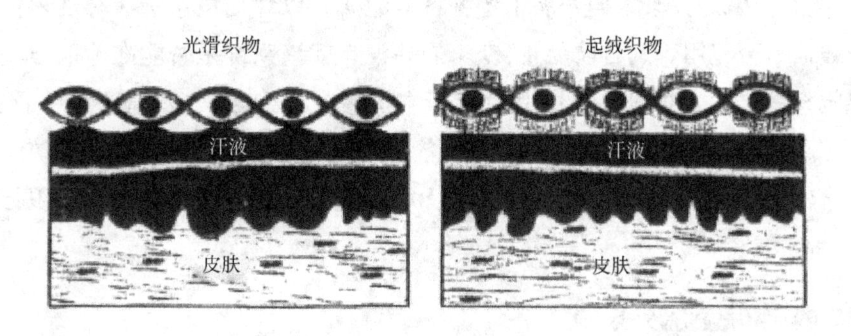

图 5－7 表面起绒（右）和表面光滑的面料与皮肤出汗时作用的示意图

从生理角度上,织物表面突出的纤维改善了服装穿着舒适性的事实也解释了许多涉及皮肤和服装之间相互作用的投诉。例如,如果一件由65%聚酯和35%棉花混纺制成的衣服被穿着一年多后被一件纤维组成相同的新衣服所取代(如医院贴身穿的工作服),那么对这件新衣服引起的穿着舒适性差和皮肤刺激性的抱怨并不少见。投诉的人会抱怨他们会出更多的汗,然后得皮疹,甚至湿疹。这种反应既有主观因素也有客观因素。

客观来说,穿着者的皮肤和他们穿旧衣服时的保湿量是完全一样的。他们没有注意到这一点是因为皮肤无法感知水分。因此,我们不可能直接了解皮肤有多湿润,我们只能依赖间接测量器。例如,如果一滴汗水沿着皮肤流下,皮肤表面的压力就会有差异,我们将其记录为一滴汗水。

在初始状态,衣服不允许汗液形成,但光滑的织物会立即紧贴到湿润的皮肤上,由于皮肤上的压力差穿着者便能察觉到这一点。而另一方面,起绒纺织品表面不会紧贴皮肤,而是会吸收水分。在第一种情况下,穿着者会更早察觉到出汗,而第二种情况下,衣服只有在纤维吸收了尽可能多的水分时才开始附着在皮肤上。

尽管穿着光滑的衣服我们能更早地注意到出汗,但从客观的角度来看,我们穿这两件衣服时出汗是一样的。这就产生了水分在较长时间内影响皮肤的一些客观判断,以及与认知征兆相关的心理反应。

总之,在考察机械洗涤作用对纤维工艺性能的影响时,可以说洗涤减少了皮肤的刺激性。

从纺织科学的角度来看,有一个问题是如何客观地衡量这些本身很主观的影响,例如表面平滑性和渐进起球。

日本的科学家川端康成[3]开发了一种测量系统,用来评价与织物接触有关的主观感觉。从那时起,人们开展了各种各样的研究以评估该系统在客观评价表面性质方面是否有用。到目前为止,专家们并没有就该系统是否能准确地与人类主观感觉相一致达成共识,特别是因为定量主观感觉太困难了。尽管有种种局限性,但川端康成的方法是很有意义的。如果能够用一种可验证的测量系统对纺织品进行数字化的定义,这将为皮肤病学带来极大的好处,这也将成为医药和纺织行业研究的一个主要领域。

5.3.2 纺织品上的外来物质

有两种形式的外来物质:不需要的或不可避免的残留物和希望保留的后整

理剂。

5.3.2.1　穿着残留物

这些被称为有机积垢。它们包括所有的非极性物质,如脂肪、油、蜡,也包括弱极性的长链表面活性剂。如果洗涤过程正常,有机积垢应低于标准条件下纺织品重量的1%。

在商业或家庭洗衣中,残留物与皮肤刺激性无关。但纺织品上的微生物如果具有致病性,又具有足够多的数量,并且在穿着或使用中有合适其生长的环境,则可能引起皮肤刺激性。

据目前的了解,传统的洗涤工艺足以满足家用洗涤的卫生要求[4]。对于卫生行业的洗涤,特别是对重症监护病房和手术区域的医疗洗衣来说,情况是完全不同的,在这里需进行消毒清洗。在德国,RKI 指令[5]规定了在洗过和洗完的衣服上允许的菌落形成单位(cfu)的数量。10 个样本中必须有 9 个是每平方分米不超过 2 个 cfu,并且不应检出任何致病菌,符合这些要求可获得 RAL 的卫生证书。RAL 的卫生证书是由洗衣护理质量标志协会(Gutegemeinschaft sachgemasse Waschepflege eV)根据在洗衣房进行的测试和在海恩斯坦研究院实验室对样品进行的评估颁发的。

卫生行业的洗衣工作只在商业和专业洗衣房进行,洗涤过程中衣物要经过消毒,它们可以是高温消毒:洗涤温度 85℃保温 15min,或者是 90℃保温 10min;也可以采用化学方法消毒:在 65 ~ 70℃的温度下加入过氧乙酸,或者在 40℃左右的温度下使用活性氧载体进行消毒。

根据目前的了解和 RAL 卫生证书超过 15 年的实践经验,由卫生行业洗衣引起的皮肤微生物感染可忽略不计。

5.3.2.2　水

水中往往含有硬化水的物质,它们可能沉积在被洗涤的物品上。钙盐和镁盐也存在于洗涤液中。在这里应当将家庭洗衣和商业洗衣加以区分。

如果没有天然软水,商业洗衣店会使用软化水来洗涤。因此,有可能将洗涤过程中产生的无机物(如钙和镁等)不可避免的残留物减少到最低限度。例如,洗衣护理质量标志协会(Gutegemeinschafl sachgemasse Waschep - flege)规定:只有已净化至硬度为零的水可用于洗涤。因此,一般对无机积垢而言,残留物可减少到洗涤物干重的 0.1% ~0.4%(允许值是 1%)(图 5 - 8)。

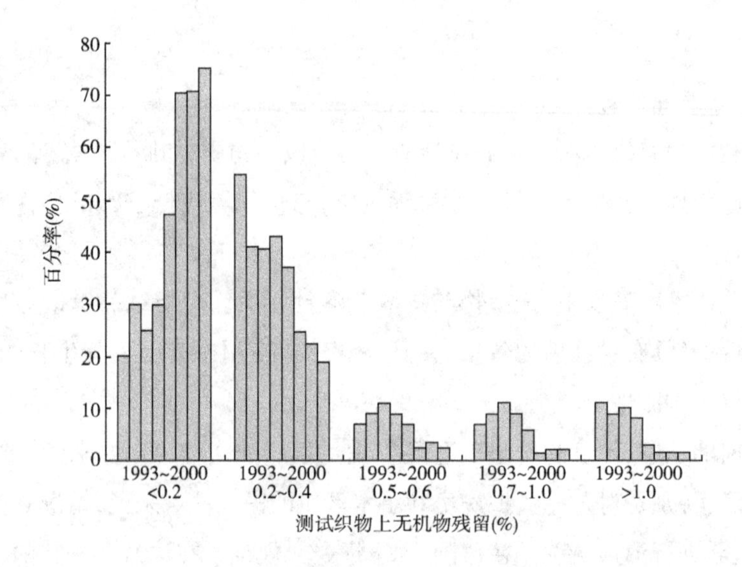

图 5-8 根据 DIN 53919 标准测定的经 25 次工业洗涤周期后纯棉织物上的无机积垢含量
这些数据基于经过 25 次洗涤的总共 2352 个样本,它们代表了 58800 个洗涤过程

在家用洗衣机中,水一般不会软化。为了尽可能防止无机积垢的形成,洗涤剂中含有一定量的水软化剂。一般情况下正常的家庭洗衣会比商业洗衣形成更多的无机积垢。纺织品上的残留物可能会引起轻微起球,但一般来说,这可以忽略不计。

5.3.2.3 洗涤剂

再次提请注意这样一个事实,为了更好地了解皮肤刺激性与纺织品之间的联系,我们需要将洗涤剂和后整理剂加以区分:洗涤剂的目的是去除污渍,而后整理剂是要为被洗涤物提供附加性能。由此可以看出,洗涤剂在被洗涤物上的残留是我们不希望的洗涤副产物,而后整理剂的残留则是我们所期待的。

洗涤剂残留物可能是由表面活性剂、碱和助洗剂引起的。

表面活性剂残留 在清洗后洗涤物上的表面活性剂残留量取决于所使用的表面活性剂种类、纤维类型和所采用的洗涤过程,特别是漂洗过程。对可能的表面活性剂残留物进行广泛的测试是可以的[6,7],但是,并不能由此得出任何具有普适性的结论,毕竟安全性取决于表面活性剂类型和浓度(图 5-9)。

另外,我们可以肯定地说,聚酯对表面活性剂的吸附能力低于棉花,这在很大程度上是由于不同的表面结构所致。聚酯是光滑的,而棉花具有一个特殊结构的表面。

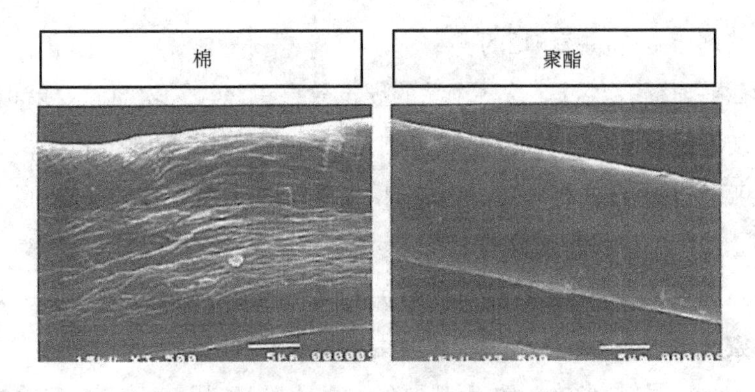

图5-9 棉和聚酯的表面性质(SEM×3500)

碱 除蛋白质纤维外,所有其他纺织品均在弱碱性到强碱性介质中洗涤,即7.5~10.0的pH范围内。漂洗过程会由于冲洗水稀释碱,并当更换漂洗浴时,在一定程度上除去碱。但是,在洗涤过程中仍然会有一定程度的残留碱,因为想要完全漂洗去除残余碱是不可能的。在使用商用重渍洗涤剂的家庭洗涤中,漂洗后的碱度介于pH=9~10。在商业洗衣中会使用醋酸进行中和,使完成洗涤后的pH介于6.5~7.5之间。

漂白剂 具有氧化作用的漂白剂,如过氧化氢、过氧乙酸、过碳酸盐和次氯酸钠,不会留下任何明显的反应产物。因此,它们在洗涤剂与皮肤刺激性之间的联系是可以被忽略的。

助洗剂 它们要么是水溶性物质,不能在洗涤物上积累,要么是化学惰性物质,不具有任何刺激性的潜能。

酶 在正常洗涤条件下,衣物上没有残留的酶活性[8]。

5.3.2.4 后整理剂

这个总称包括了在洗涤过程中使用的或与洗涤过程有关的所有物质。这些物质作为我们所期待的成分保留在被洗涤物上,以增加纺织品的功能。在这里,美观与芬芳都被视为一种功能。

荧光增白剂 目前用作荧光增白剂的二苯乙烯衍生物已经完成了大量的测试,并在全球范围内使用了数十年。由于二苯乙烯衍生物荧光增白剂的使用引起的皮肤刺激性的风险非常小。

柔软剂 柔软剂本身与皮肤上的不良反应并没有什么关系。由于纺织品和皮肤之间的摩擦力越小,对皮肤的机械刺激作用就会越小。从这个意义上说,柔软剂对防止皮肤刺激是有积极作用的。

化学后整理剂(淀粉) 这些产品的硬挺效果正好与柔软剂的效果相反,即它们增加了纺织品与皮肤之间的摩擦,特别是在皮肤特别敏感部位和纺织品较硬的地方,换句话说就是在接缝和加固区域周围。但如果出现这样的问题,可以很容易地通过停止使用这样的后整理剂来改善。

芳香整理剂 通常与芳香整理剂有关的问题与它们在洗涤中的使用有关。

拒水整理剂 手术区的医用纺织品由涤纶或涤棉混纺组成,例如,病人护罩和手术人员的防护服,它们在清洗后都要经过防水整理,以建立一个有效的防水屏障。这被称为拒水整理,有别于防水整理。氟碳树脂曾被用作这类产品的基本成分,但由于新的环境立法,将来会使用其他产品。最常用的这类产品已经作为雨衣的防水整理剂使用很多年了,根据过去的经验,它们不会引起皮肤刺激性。

特殊情况 它们包括:床单的阻燃整理剂,特别是为监狱和精神病医院提供的;为避免合成纤维纺织品产生静电的抗静电添加剂——这种处理在电子工业和超清洁技术中将变得更加重要;为避免长时间穿着衣服产生异味的抗菌整理剂,也包括避免细菌从医务人员的服装上转移到病人身上。

抗菌整理可能产生一些问题是可以预见的,但目前尚无关于抗菌物质的迁移性和可能引起常驻真皮菌群组成改变的精确数据。有关这方面的新发现有望从海恩斯坦研究院卫生和生物技术研究所目前正在进行的研究项目中获得。

由于这些被归类为“特殊情况”产品的化学成分差异巨大,所以,我们无法给出其皮肤刺激性潜在危险的一般性表述。

5.4 总结与结论

德国海恩斯坦研究院和洗涤剂工业的统计数据显示:因洗涤衣物引起皮肤刺激或过敏产生的投诉量是相对较低的,投诉数量与一年中的季节之间存在明显的相互依存关系。

一个有趣的事实是:纯棉工作服的投诉量高于涤棉混纺工作服。最多的投诉来自手术室纺织品,这可能是由于外科消毒措施对手术室工作人员皮肤的特殊影响造成的。

在家庭和工业洗衣中，主要是洗衣机的机械作用和洗涤剂的化学作用对纺织品产生影响。

从皮肤病学的角度来看，洗涤过程对纺织品的影响可以分为两个不同的方向：纺织品本身的变化和洗涤衣物上残留物的形成，这些残留物可能是无意的，即不可避免的；也可能是想要的所谓后整理剂，如荧光增白剂、柔软剂等。纺织材料本身的变化可能会导致起绒，这既可能意味着纺织品变得手感更加粗糙，也可能意味着更加蓬松。变粗糙的纺织品对皮肤几乎没有影响，而趋向更蓬松纺织品的变化对皮肤则具有积极的影响。因为，在这样的纺织品表面上，形成了所谓的“距离保持”，从而阻止了纺织品过早地粘在出汗的皮肤上，增加了穿着的舒适性。

洗涤后衣物上不可避免的残留物可能是由穿着（这并不重要）、水和洗涤剂引起。在洗涤剂中，只有表面活性剂和碱性值得关注。我们所希望的残留物包括增加白度的荧光增白剂、柔软剂、上浆剂（淀粉）、芳香剂和拒水整理剂等。至于“特殊情况”（如阻燃、抗静电和抗菌整理），到目前为止对它们的研究极为有限。

参考文献

[1] Hohenstein Laundry Information No 76, 1997.

[2] IEC Test Detergent Type A, April 1994.

[3] Kawabata HI: Textile Machinery Society of Japan, Osaka 1980.

[4] Heinzel M: Veränderung der Hygienerisiken in deutschen Haushalten – Ein Beitrag zur Diskussion ihrer sozialen, politischen und technoqogischen Einflussfaktoren. SÖFW Journal, 126. Jahrgang 10 – 2000.

[5] Anforderungen der Hygiene an die Wäsche aus Einrichtungen des Gesundheitswesens, die Wäscherei und den Waschvorgang und Bedingungen für die Vergaben von Wäsche an gewerbliche Wäschereien, Bundesgesundheitsblatt, 38, Juli 1995, Nr 7.

[6] Klein P, Knrz J: Validierung des Standes der Waschtechnik im Hinblick auf den Restgehalt an organischen Substanzen auf der Wäsche. Tagungsband GG – Tagung 1996, pp 11 – 13.

[7] Kremer J, Matthies W, Voigtman I: New perspectives on skin – compatible Z for sensitive skin. Hanser Publishers, München – Tenside Surf. Det. 37 (2000) 6.

[8] Dr Uhl: Sicherheit bei der Verwendung von Waschmittel - Enzymen; Dokumentation des zweiten Enzym - Workshops 'Gentechnologisch hergestellte Waschmittel - Enzyme', Frankfurt am Main, 2. März 1995.

6　功能纺织品在预防治疗伤口及组织工程中的应用

U. Wollian[a]、M. Heide[b]、W. Müller – litz[b]、D. Obenauf[b]、J. Ash[c]

[a]德国弗里德里希·席勒- 耶拿大学 皮肤病学及皮肤变态反应学专业

[b]德国格雷兹 沃格兰- 图林根州纺织品研究中心

[c]澳大利亚昆士兰 肯摩尔37 号邮政信箱

纺织品在医学上的应用有着悠久的传统。其中一个重要领域是伤口护理和慢性伤口预防,尤其是压疮护理。在众多的纺织材料中,绷带和伤口敷料备受欢迎。纺织材料因原料易得、价格低廉和可重复使用等性能而应用广泛。其中,机织物的应用最多。尽管传统纺织品满足了生物相容性、柔韧性、强度等基本质量要求,但对特定功能的需求日益增加。随着功能纺织品技术的发展,其在伤口愈合和慢性创面预防方面的应用,使生物组织学与纺织学的交叉领域达到了一个新的高度[1]。

6.1　间隔织物在慢性伤口预防中的应用

间隔织物是一种非常有趣的纺织技术,适用于医疗领域。基本组成包括纺织片层材料和距离纤维。图 6 – 1 和表 6 – 1 分别给出了其使用的纤维的概况。聚酯纤维单丝具有良好的刚性,能为间隔织物提供较高的耐压性。但是,与单纤维通过热固形成的毛细纤维相比,单丝不利于定向的液体输送。热固的温度越高,纤维的结晶度越大。通过对纤维进行表面改性,如 Coolmax 纤维,使其有利于液体输送。材料及工艺的优化有可能实现透湿导热功能。合成纤维与纤维素纤维混纺以及合成纤维与不同密度纤维之间的混纺也可以增强纤维面料的透湿功能[2]（图 6-2）。

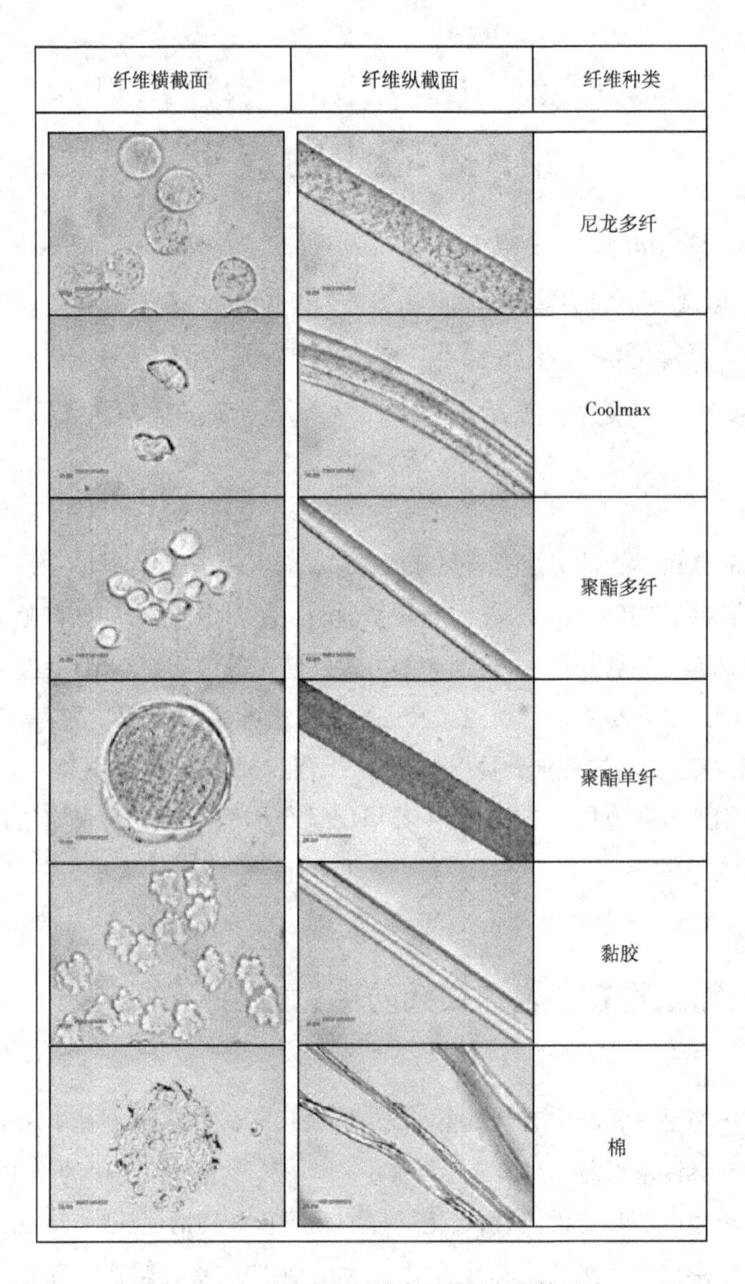

图 6-1　合成纤维和纤维素纤维的显微镜照片

表 6－1　间隔织物中使用的合成纤维和纤维素纤维的一些性质

纤维	纤维种类	密度（g/cm^3）	弹性（%）干/湿	比电阻（Ω/cm）	熔点（℃）	吸水性（质量分数）	持水量（%）
聚酰胺6	长丝	1.14	20～45/105～125	10^{9}～10^{11}	215～220	3.5～4.5	10～15
聚酰胺6.6	长丝	1.14	20～40/105～125	10^{9}～10^{11}	255～260	3.5～4.5	10～15
聚酯	长丝	1.36～1.41	20～30/100～105	10^{11}～10^{14}	250～260	0.2～0.5	3～5
黏胶	长丝	1.52	10～30/100～130	10^{6}～10^{7}	175～190[a]	12～14	85～120
棉	纤维	1.52～1.55	20～50/100～120	低	180[a]起	7～18	42～53

[a]分解温度

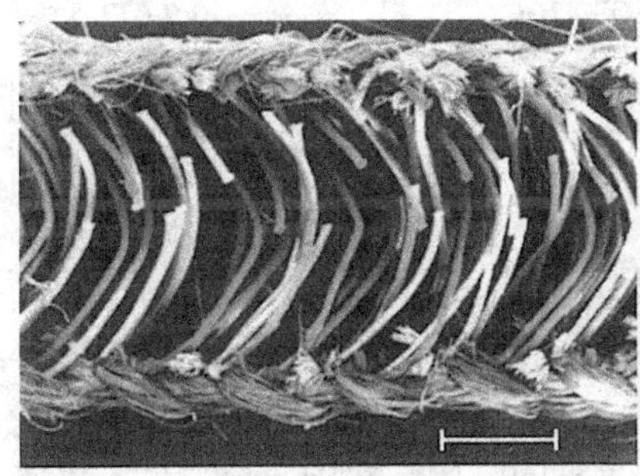

（a）间隔织物的扫描显微镜图

（b）聚合物长丝结构的细节图

（c）示意图

图 6－2　间隔织物两个纺织面通过聚合物长丝相互连接，促进了定向湿热传输

间隔织物的另一个重要性质是耐压性，它取决于混纺材料、纤维的混纺角度及针角密度，如表 6－2 所示，间隔织物的机械性能及微气候特性使其可用于预防褥疮的压缩绷带、病床和手术室的医用织物[3,4]。

表 6－2 间隔织物的微气候参数

参数	具有液体输送聚合物长丝的间隔织物的平均值（间隔织物，单面棉鞘）	没有液体输送聚合物长丝的间隔织物的平均值（100%合成纤维）
水蒸气扩散阻力（$m^2 \cdot Pa/W$）[a]	8.0～10.2	11.2～12.1
流体吸附（%）[a]	197.5～292	0.4～64.2
来自蒸汽相的缓冲作用（缓冲分数，'Feuchteausgleichskennzahl Fd'）[b]	0.36～0.47	0.25～0.36
来自液相的缓冲作用（缓冲分数，'Pufferkennzahl Kf'）[b]	0.89～0.99	0.73～0.75
液体渗透性［$g/(m^2 \cdot h \cdot mbar)$］[b]	16.3～17.8	10.7～13.5
吸水量（g）[b]	7.0～8.9	5.6～7.1
热容量 $\frac{W.\sqrt{s}}{m^2.K}$[b]	40～55	34～37

[a]STFI Chemnitz, Prüfstelle Textil.

[b] Forschungsinstitut Hohenstein.

间隔织物绷带已被用于腿部淋巴水肿患者的临床试验中。原发性淋巴水肿患者的微淋巴压力均值会从7.9mmHg（安全范围）上升至15.0mmHg。也就是说，微淋巴压力达到了渗压毛细压力的范围，淋巴液流通受到抑制[5]。继发性淋巴水肿也有类似的机制，如在合并慢性静脉功能不全或淋巴结清扫和放射治疗后。采用淋巴按摩和特殊加压包扎技术等物理治疗是当今治疗方法的基础。事实证明，间隔织物制作的压缩绷带不仅与传统绷带一样有效，而且更舒适，因为仅需要一层包扎。间隔织物的微气候特征还能避免皮肤出汗及过度升温[6]。同样的原理可用于降低床罩、鞋类、手术台或轮椅用纺织品的压力峰值[7]。间隔织物还可于生物外科中，作为用于伤口清创和促进愈合的活蛆的载体。

6.2 医用刺绣技术

先进的复合材料通过纺织预成型来实现增强，用于主要的结构应用。刺绣技术对纤维组织的精密控制，对高负荷结构具有潜在价值，它能使纤维放置在可以局部优化强度和刚度所需的位置和取向上。已设计了疝气贴片、椎间盘修复植入件、主动脉瘤移植支架[8]。Karamuk 等[9]开发出了一种这项技术的伤口敷料，刺绣织物具有结合了不同类型孔洞的三维结构，制作成可以局部机械刺激创面定向血管生成的刚性元件。第一批临床试验着重于压疮和静脉下肢溃烂的治疗。

6.3 吸收纺织品

失禁是小孩和老人的一个大难题。在压疮与尿布皮炎防治中必须要避免尿液及粪便中的酶对皮肤的刺激作用[10-11]。失禁用品的流体处理能力随着超级吸收剂的采用而得以实现。然而该用品的织物表面的舒适性和避免机械性刺激亦十分重要，光滑的表面更利于避免刺激。

从技术上讲，生产超级吸收剂最重要的化合物是丙烯酸。丙烯酸单体在三烯丙基胺化合物的作用下聚合，共聚物可以包覆纤维素纤维，如黏胶纤维或 Lyocell 纤维[12]，此类产品多用于尿布或其他卫生用品。对于这两个领域的应用，大量的非织造布是一个重要的补充和功能改进，如图 6－3 所示。通过复合方法，可以生产出由数层不同功能的单层纤维复合而成的多层产品。单层织物可通过数种技术制作，例如缝合和针刺。单层织物的组装则通过多针织或 Kunit 层复合工艺实现（KSB）[13,14]。由针织纤维改性的非织造布材料的吸水垫已经被开发并成功用于急性（供皮区创面开裂）和慢性（腿部溃疡）伤口。在承压区域，预防伤痛的特殊装备如表面织物也在进一步研究中。

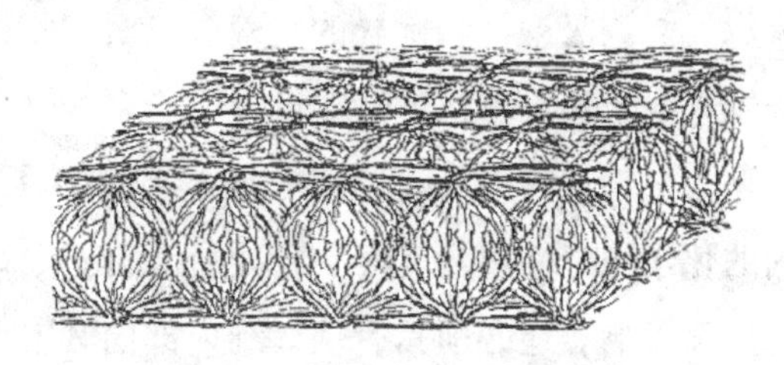

图 6－3　用于吸收垫或失禁装置的混合针织纤维的改性非织造布

6.4 抗菌纺织品

纺织品是细菌和真菌的滋生场所。通过树脂整理将抗菌/抗真菌剂固定到纺织品表面或将抗菌剂接枝到如黏胶或莱赛尔等纤维素分子链上,可以实现控制织物上的细菌或真菌生长。

抗菌活性与纺织品本身的防污性和去污性密切相关。含氟聚合物代表了常用的用于防污处理的聚合物类别。它们由全氟烃单元和无氟聚合物结构组成,通过含有全氟基团的链段相连。这些链段也可以作为双官能团的聚合物键合,并与不饱和基团进行聚合和共聚。

含有无氟类物质和异氰酸酯,或其他反应性基团的稀释剂已用于减少含氟物质的用量,并优化疏水和疏油效果。具有分散功能的表面活性剂也同样具有抗污作用。具有极性结构的聚合物在洗涤过程中表现出良好的去污能力和高耐用性。近年来,含氟聚合物与硅氧烷的结合已经被开发出来以提高防污性能[15]。

最近,由木棉中空纤维和羊毛纤维均匀混合而成的 Kawoll®面料已被用于生产床罩。它的吸湿性和优异的空气含量对织物内部微气候起到了积极的作用。木棉纤维本身也显示出抗菌性能[16]。

添加剂选择的最重要标准是在水、酸和碱中极低的溶解性,对强酸、碱和氧化剂的化学稳定性以及良好热稳定性。此外,添加剂应该对纺丝工艺和纤维性能没有负面影响。还必须具有从纤维内部向其表面迁移的能力,并对环境无毒害作用。

银、铜、锌等金属离子与季铵盐的抗菌作用已有详细记载。银浸渍处理的织物通常用于感染伤口或易感染伤口的敷料。杀菌成分与纤维素可以通过反应性羟基形成共价键交联,而聚酰胺、聚丙烯及聚酯纤维则缺少这样的反应基团。季铵盐中带正电荷的氮离子能与阴离子染料的负电荷基团发生反应。这些分子间相互作用充当了结合力,一旦抗菌剂附着,可增强其耐久性。染料分子可以像桥一样用来连接功能性抗菌基团和化学性质稳定的合成纤维。定量抗菌评估表明,经处理的织物其表面接触的细菌量显著降低[17]。

氧氟沙星、青霉素等其他抗菌素已经被用于聚酯类接枝物。利用胶原涂层结合氯霉素和利福平。使用纤维蛋白胶来结合庆大霉素。未经修饰的环丙沙星和氧氟沙星可用作聚酯纤维的染料。垫加热技术也开始应用。初步数据令人鼓舞,足以在兔体内进行体外试验。其中用垫加热两种抗生素的混合物获得最佳实验结果[18]。

另一种技术是在黏胶纤维的纺丝过程中使用抗菌剂。通过将抗菌剂添加到纺丝原液中获得莫代尔纤维。黏胶通过喷丝板孔压入凝固浴中,形成连续长丝并被快速抽出。共混技术可以实现添加剂在纤维的纤维素基质内的均匀分布。纤维的亲水性及多孔结构增强了抗菌剂向纤维表面的扩散性,即使是潮湿环境中(如出汗)也可以达到[19]。

利用小分子物质制备纺织品具有健康卫生意义,如浸渍毛巾、床罩及内衣等[20-21]。此外,抗菌活性还能够减少异味产生,这在治疗慢性伤口的敷料和服装方面具有重要意义[22]。

卤胺改性棉已被用于接触杀虫剂的工人的防护服。卤胺改性棉还能抑制多种微生物,包括金黄色葡萄球菌或沙门氏菌,这是导致医院感染的主要原因。由于人体气味主要取决于皮肤菌落的影响,因此,卤胺改性棉亦可用于臭味抑制[22]。

功能性纺织品开发中的一项原理是基于超分子化合物在纺织品表面上的永久结合[23]。这些化合物是具有特殊三维结构的配位,对某些特定化合物具有闭合功能。配体(主体)和复合化合物(客体)之间存在分子鉴别过程,在某些方面类似于酶底物的关系。

其中,环糊精已作为超分子化合物被成功应用。这种环状碳水化合物,对人体无毒,且无致敏作用。它们具有亲水性表面,且又能够与疏水的非极性有机物分子结合。复合物的形成改变了‘主体’和‘配体’的理化性质[24]。在药学领域,环糊精被用来提高生物药效率和延长药剂的疗效[25]。环糊精也被用于纺织技术的优化。它们在脱胶、退浆及毛织物防毡缩处理中被用于去除表面活性剂、降低液相活性及提高酶的催化效率[26]。环糊精制备的织物可用于透皮治疗系统[27]。它们的另一个应用是作为抗菌纺织品和透皮收集器系统用于高危人员的毒理学监测,减少汗腺分泌区域(防臭纺织品)的细菌污染[23]。

壳聚糖是一种β-(1,4)-苷键相连的天然多糖,有2-氨基-2-脱氧-β-D-吡喃葡萄糖残基。该化合物具有高度的生物相容性。壳聚糖及其天然来源甲壳素因其抗菌活性而受到越来越多的关注。通过N-选择性引入季铵型侧链而新制备的衍生物显示出低电阻性,使其有希望成为生物相容的抗静电材料[28]。基于壳聚糖的材料已成功用作如腿部溃疡和烧伤等慢性伤口的伤口敷料(图6-4)。壳聚糖纤维或壳聚糖涂层纤维具有局部凝血效果。它们可通过功能性基团改性达到类似超分子的效果。受关注的其他天然聚合物还有果胶、藻酸盐、抗菌纤维素和硫酸碳水化合物,如卡拉胶[29-30]。

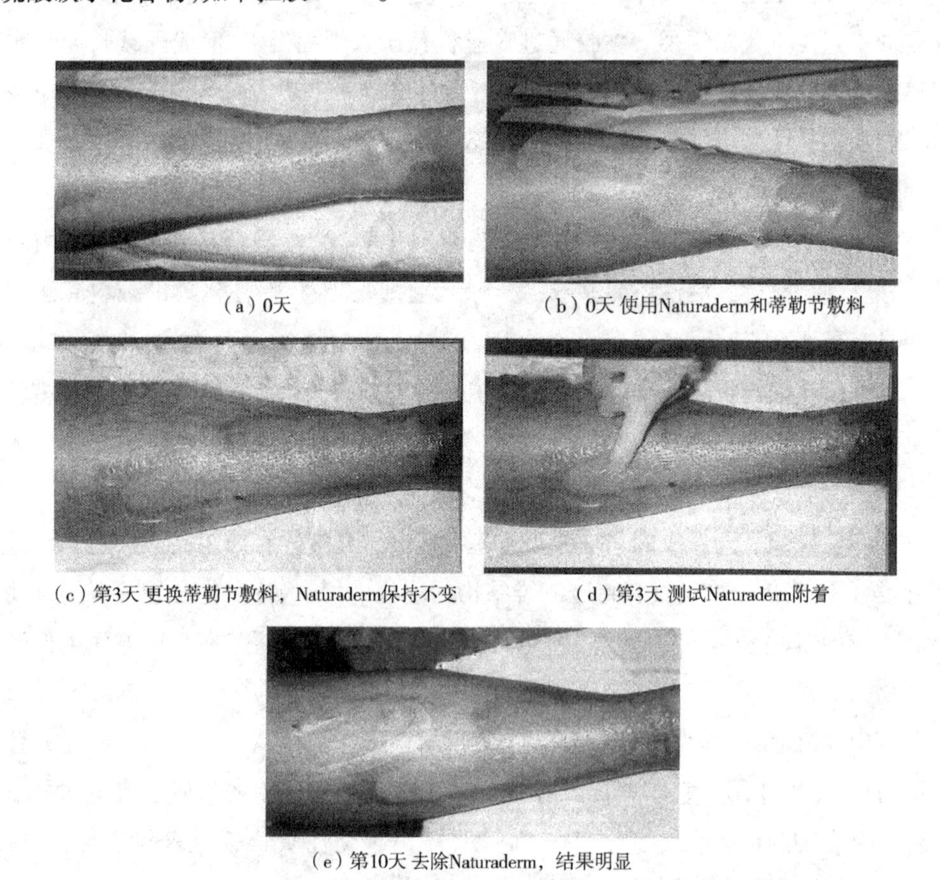

(a) 0天

(b) 0天 使用Naturaderm和蒂勒节敷料

(c) 第3天 更换蒂勒节敷料，Naturaderm保持不变

(d) 第3天 测试Naturaderm附着

(e) 第10天 去除Naturaderm，结果明显

图6-4 烧伤创面上的壳聚糖基的 Naturaderm®

近来,能够结合弹性蛋白酶的棉质纱布敷料已经被制造出来,然而其在慢性创伤中的过表达被认为是延误愈合的原因。另一种尝试是在棉纤维上接枝弹性蛋白酶抑制剂,使其随时间推移释放到伤口中。第三种尝试是可对纱布表面改性,从而隔绝弹性蛋白酶和在慢性伤口中发现的金属蛋白酶混合物[31]。

纤维素是当今伤口敷料的一个重要组成部分,如水凝胶。研究表明,羧甲基纤维素能够在体外培养中刺激角质形成细胞增殖[Wollina 等,未公开数据]。

6.5 纺织陶瓷复合材料

溶胶—凝胶技术允许人们在包括纺织纤维在内的不同表面上形成薄陶瓷层[32]。由此,具有可变孔隙率的三维结构得以制备,这就为纺织品提供了一个可以抵御化学品或细菌攻击的保护层。此外,陶瓷表面可以改变流体结合性。其孔隙可以使它们在透皮治疗装置或收集器系统中用作药物载体。该涂层还可用作制剂配方的助磨剂和防止有机纤维温、湿度降解的稳定剂等[33-34]。

陶瓷基质复合材料具有医学意义,如牙科、整形外科和外科手术方面。纺织品结构复合材料技术的重要性日益提高。二维和三维纺织品预成型件已成功用于增强陶瓷基复合材料。基于纺织品预制件的复合材料的近净形制造的潜力是非常有吸引力的[35-37]。

6.6 阻隔纺织品

在传染性或有毒物质污染的高风险情况下,使用阻隔纺织品是必须的。它们广泛用于手术室,不仅是为了保护工作人员,也是为了保护病人。阻隔纺织品在外科手术的卫生方案和医院的预防感染方面起着重要作用。表6-3总结了阻隔纺织品的基本性能。

表6-3 阻隔纺织品的基本性能

耐磨性	抗梯形撕裂性
抗粘连性	抗液体渗透性
抗弯曲开裂性	抗粒子穿透性
抗穿刺性	耐火性
抗拉强度	缝线强力
抗爆裂性	服适性

通过织物和产品的结构实现使用者免受细微颗粒物质或液体的影响,从而起到保护作用。这些纺织品的基本性质是过滤医学相关介质,如血液、汗液、尿液等。由多孔膜、组织介质和吸收器组成的医学层压板便是出于此目的。液体交换受毛细流

动的限制。超细纤维纺织品被发现适用于重复使用的防护服装[38-39]。接缝区域是材料的关键结构,搭接接缝技术可以起到不错的阻隔功能,但其他技术如聚氨酯胶黏剂可提供更好的质量。在手术服、床单、床垫罩等医疗应用中,聚氨酯黏合剂和热熔胶已经用于不同的层压材料中。耐化学性、耐体液、耐洗和灭菌是对该领域黏合剂的一些要求[40]。床垫套、枕套的外壳是阻隔体系的特殊应用。隔离层必须对空气中悬浮的粒子以及机械传播粒子同样有效。在这方面,接缝区域与紧固部件也是至关重要的。由于阻隔滞留功能和粒子传播功能取决于复杂体系"床"的静电行为,因此在考虑阻隔效果时,必须考虑到外壳的静电特性及其依赖于洗涤的变化[41]。

无孔膜是效果最好的保护材料。然而,在实际生产中必须折中考虑材料的阻隔功能和舒适性[42]。手术室中传统纺织品的另一个问题是颗粒释放,特别是用于腹腔手术的可重复使用的机织物纺织品。而针织棉能显著减少粒子的释放,即使经过反复洗涤—干燥和消毒循环效果仍然很好[43]。

6.7 纺织品在器官替换、移植及组织工程中的应用

编织物可用于纺织复合材料。纺织复合材料通过在将基质材料浸渍到其干燥的表面,从而将多向纱线结合在一起而生产。这通常使用液体模塑技术完成,如树脂传递模塑、结构反应注塑和树脂膜灌注。编织纺织复合材料的整体结构因能更好地承受扭曲、剪切和冲击力作用,而优于机织或针织面料。在编织纱线系统中,由于在张力条件下其具有更高的抗/耐冲击性、稳定性和一致性,所以编织物可以设计成用于多向一致性。然而,在纱线系统方向上受到轴向压缩时,机织物会表现出较弱的稳定性[44]。

平纹管状编织物可用作假体,替换关节中受伤的韧带,如人体膝关节[45]。编织位置与经纬密度的简单倒数关系允许在编织物的设计和制造中很容易地确定编织机的极限。这一点对计算假体的应力—应变行为很重要,应该根据关节内的个体情况以及预期的植入位置进行调整[46]。将来,生物相容性的润滑剂做的编织润滑绳可以作为肌腱使用。

假体动脉移植物在针织聚酯(Dacron®)或聚四氟乙烯(Gore - Tex®)的基础上得到了发展。它们的直径范围为4~13mm,长度范围为20~900mm。动脉移植物(与其

他血管移植物一样)的一个主要问题是移植物表面的凝血诱导。为了避免这个问题,移植物通常在植入前用患者自身的血液凝结,以减少针织结构的渗漏。预凝血已被发现可以很好地延缓并预防血栓形成。白蛋白可以被交联在移植物周围并通过浸泡而沉积。肝素可以被作为阳离子表面活性剂使用。在白蛋白涂层表面结合水蛭素和血栓调节蛋白也取得了较好效果。但这些方法都没有完全成功。最近的研究试图将一种内皮细胞特异的糖蛋白共价键交联到表面,继而从周围血管吸引内皮细胞。另一种尝试是将抗凝血蛋白共价结合到移植物上,如壬基酚-9-环氧乙烷织物[18]。

分支型混合血管假体已经在I型胶原蛋白结合分段聚酯针织物网经过最小程度增强后的基础上开发出来。将牛平滑肌细胞和胶原蛋白的低温混合溶液倒入相应的管状模具中,随后进行热凝胶化,再经过7天的培养过程,即可形成血管内径。通过弹性网增强后能提高混合组织的机械强度,并产生可匹配天然血管的相容性。经网状增强的分支或分叉型混合移植物将可被用于分支部位的动脉替换[47]。

聚酯网状物在开放的无张力疝修补术中用于疝修复。除其他材料外,网状织物不仅可以由如聚乙醇酸、聚乙醇胺丙交酯的可降解聚合物制备,还可由如聚酯、尼龙、聚丙烯和碳的不可降解物质制备[48]。生物相容性和稳定性是这种网状物的主要特征。仔猪的体外研究表明,氟钝化的聚酯针织网比聚丙烯网具有更好的机械增加和组织发育优势。由于更严重的慢性炎症,氟钝化网状物反而能更好地刺激组织生长和整合[49]。

作为急性炎症的衡量标准,丙烯网中添加的聚乳糖长丝减少了巨噬细胞和粒细胞数量。疤痕反应仅限于丝状周围区域。另外,腹壁顺应性保持不变。用聚乳糖涂覆聚丙烯有利于在网状物周围形成结缔组织膜,这似乎妨碍了其合并[50]。

尽管所有努力都被用于假体的纺织技术,但组织工程学已经可被用于伤口愈合。组织工程学旨在结合工程原理和生命科学,从而为受损组织制造功能性替代品。对于人工皮肤,嵌合皮肤替代品,以及使用生物和非生物成分的杂合工艺来替代丧失的器官功能已有了不同的方法[51-52]。

纺织品对于可生物降解的组织工程支架很有意义。细胞组分可通过生产细胞外基质来产生新的组织,与此同时,支架材料能够提供结构完整性和机械稳定性。支架结构和孔隙率是控制新组织的形成以及随后体内新血管形成的关键因素。但是需要支架和宿主组织具有结构生物相容性[53]。

纺织品超结构和仿生糖聚合物相结合的复合支架已经被开发用于有机肝组织

的体外工程。

在聚对苯二甲酸乙二醇酯(PET)机织物的一面涂有一层可生物降解的聚[D,L-乳酸-羟基乙酸](PLGA)聚合物薄膜,以使其获得极性结构。这种复合结构确保了该膜聚合物在降解过程膜的稳定性。对于干细胞培养研究,通过使用人工糖聚合物,聚[*N*-对乙烯基苄基-D-乳酰胺](PLVA)涂覆支架材料来提高细胞附着。添加表皮生长因子和使用大网目尺寸为体外肝细胞培养提供了最佳条件[54-55]。

纺织品有两种可选择性控制的孔隙,纱线长丝之间的孔隙和织物循环单元之间的孔隙。高周期性是纺织品加工的本质特征。间隔织物已用于人和啮齿动物的细胞,如角质形成细胞或肝细胞的支架材料[6](图6-5)。另外,刺绣技术可以在给定的没有任何周期规律的纺织几何形状中局部地控制材料,孔隙率和机械性能。聚乙醇酸纱线在刺绣技术中被用于非织造聚乙烯醇组织或基本的聚酯结构的体外缝合。拼接技术被用于纺织品植入物的局部药物输送的研究以及开发具有局部不同降解速率的复合纺织品,以促进组织向内生长并改善其机械性能[9]。

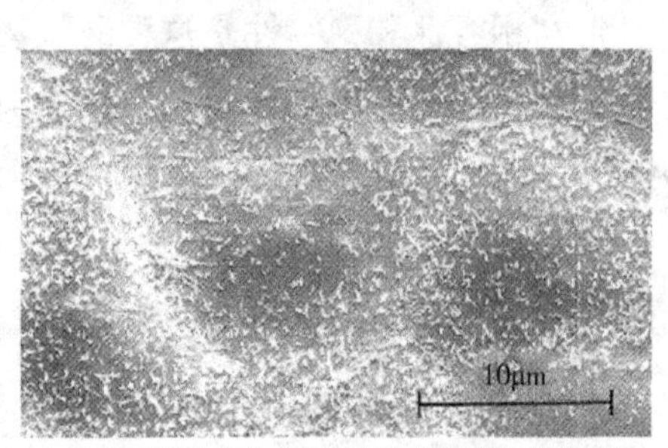

(a)在硫酸化聚苯乙烯(组织培养室)培养9天的大鼠肝细胞的电镜图

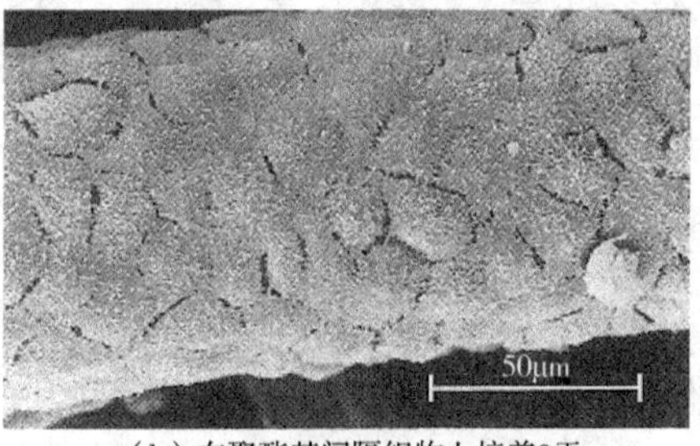

(b)在聚酯基间隔织物上培养9天的大鼠肝细胞的电镜图

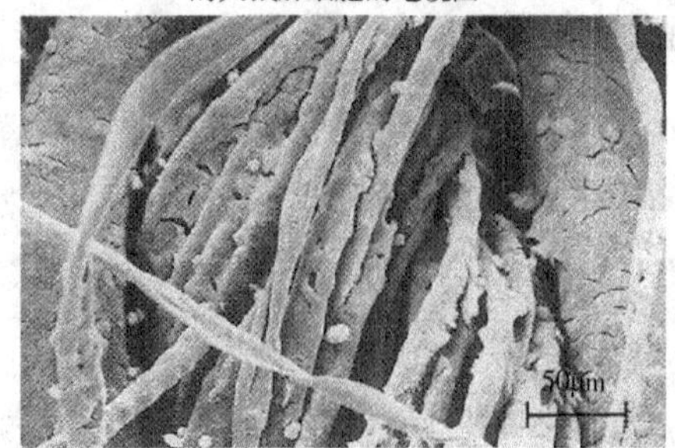

(c)在聚酯基间隔织物上培养9天的大鼠肝细胞的电镜图(注意细胞在这些长丝上的汇合生长)

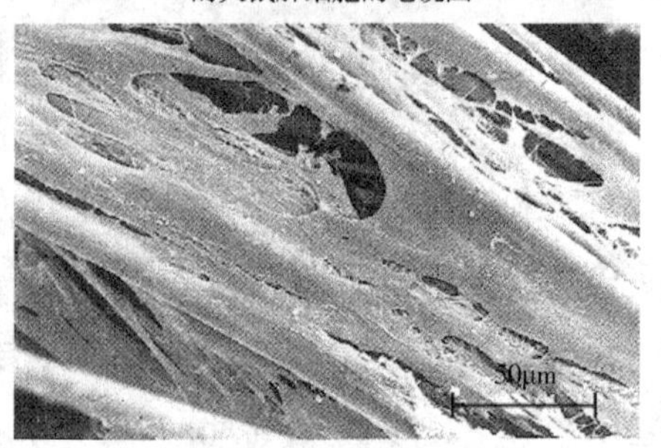

(d)在聚酯基间隔织物上培养6天的纤维母细胞的电镜图

图6-5 间隔织物在组织工程中的应用

参考文献

[1]Wollina U,Heide M,Müller – Litz W:Stellen Medizin und Gesundheitswesen neue Anforderungen an die Textilqualität? Melliand Textilber 1998;79:552 –553.

[2]Heide M:Spacer fabrics für die Medizin. Kettenwirk Prax 1998;4:51 –56.

[3]Waschko D:Dekubitusprophylaxe. I. Unterlagen,Kissen,Bettsysteme. Hohensteiner Rep 1999;56:57 –60.

[4]Waschko D:Dekubitusprophylaxe. 2. Testmethoden. Hohensteiner Rep 1999;56:61 –66.

[5]Zaugg – Vesti B,Dorffler – Melly J,Spiegel M,Franzeck UK,Bollinger A:Lymphatic capillary pressure in patients with primary lymphedema. Microvasc Res 1993;46:128 –134.

[6]Wollina U,Heide M,Uhlemann C,Neupert G,Obenauf D:Spacer fabrics in der Dermatologie. Eine übersicht. Z Wundheil/J Wound Heal 2000;5:7 –11.

[7]Heide M:Dreidimensional gewirkte Textilien in der Medizin. Maschen – Industrie 1999;6:14 –17.

[8]Ellis JG:Embroidery for Engineering and Surgery. Textile Institute World Conference,Manchester 2000.

[9]Karamuk E,Raeber G,Mayer J,Wagner B,Bischoff B,Ferrario R,Billia M,Seidl R,Wintermantel E:Structural and mechanical aspects of embroidered scaffolds for tissue engineering. 6th World Biomaterials Congress,Hawaii 2000.

[10] Berg R:Etiology and pathophysiology of diaper dermatitis. Adv Dermatol 1998;3:75 –98.

[11]Wollina U:Windeldermatitis – ein breites Spektrum der Differentialdiagnosen. Häufige und seltene Ursachen eines alltäglichen Problems. Hautnah Dermatol 2000;16:212 –217.

[12] Hengstberger M,Kaltenecker O,Oppermann W:Vliesstoffe mit superabsorbierenden Eigenschaften. Tech Textil 1999;42:295 –297.

[13]Fuchs H,Bernstein U,Krüssmann H,Bohnen J,Neyers T:Constructional prin-

ciples of re - usable textiles with high water absorbency on the basis of voluminous nonwoven materials for decubitus prophylaxis and incontinence precaution. WFK Forschungsinstitut für Reinigungstechnologien e. V. Kongress, Luxemburg 1999.

[14] Herrmann U, Seeger M, Umbach KH: Untersuchungen zu Inkontinenztextilien aus Polmaschenstoffen. Melliand Textilber 1995;75:235 - 237.

[15] Chrobaczek H, Dirschl F, Lüdemann S: Einfluss auf die Wechselwirkungen zwischen Schmutz und Textilien. Melliand Textilber 1999;80:175 - 177.

[16] Wollina U, Wilmer A, Karamfilov T: Einsatzmöglichkeiten von Kawoll. Melliand Textilber 1999; 80:197.

[17] Kim YH, Sun G: Dye molecules as bridges for functional modifications of nylon: Antimicrobial functions. Textile Res J 2000;70:728 - 733.

[18] Bide M, Phaneuf M, Ozaki C, Alessi J, Quist W, Logerfo F: The use of dyeing technology in biomedical applications. Textile Chem Color 1993 ;25:15 - 19.

[19] Rahbaran S: Modal fibers with antibacterial properties. Chem Fibers Intern 1999;49:491 - 493.

[20] Waschko D: Antibakterielle und/oder antimykotische Textilien. 1. Medizinische Aspekte. Hohensteiner Rep 1999;56:67 - 70.

[21] Waschko D: Antibakterielle und/oder antimykotische Textilien. 2. Prüfverfahren. Hohensteiner Rep 1999;56:72 - 73.

[22] Panye J: From medical textiles to smell - free socks. J Soc Dyers Colour 1997; 113:48 - 50.

[23] Denter U, Buschmann H J, Knittel D, Schollmeyer E: Modifizierung von Faseroberflächen durch die permanente Fixierung supramolekularer Komponenten. 2. Cyclodextrine. Angew Makromol Chem 1997;248:165 - 188.

[24] Saenger W: Cyclodextrin - Einschlussverbindungen in Forschung und Industrie. Angew Chem 1980;92:343 - 361.

[25] Frömmig KH, Szejtly J: Cyclodextrins in Pharmacy. Dordrecht, Kluwer Academic, 1994.

[26] Opwis K, Bach E, Buschmann H J, Knittel D, Schollmeyer E: Stabilisierung enzymatischer Textilveredlungsprozesse durch Cyclodextrine. Melliand Textilber 1998;

79:545 –546.

[27] Wollina U:Transepidermale therapeutische Systeme (TTS). Übersicht zu Techniken, Wirkstoffen, Indikationen und Nebenwirkungen. Med Welt 1991;42:877 –880.

[28] Suzuki K, Oda D, Saimoto H, Shigemasa Y: New selectively N – substituted quaternary ammonium chitosan derivates. Polymer J 2000;32:334 –338.

[29] Muzzarelli RAA: Natural Chelating Polymers – Alginic Acid, Chitin and Chitosan. Oxford, Pergamon Press, 1973.

[30] Ebert G: Biopolymere, Struktur und Eigenschaften. Stuttgart, Teubner, 1993.

[31] Brennan MB: Knitting textile chemistry to medicine. Chem Eng News 1996; 77:33 –36.

[32] Böttcher H, Kallies KH, Textor T, Schollmeyer E: Deutsches Patent 197 56 906.1, 1998.

[33] Brinker CJ: Sol – gel processing of silica; in Bergna HE (ed): The Colloidal Chemistry of Silica. Washington, American Chemical Society, 1994, pp 361 –402.

[34] Payne CC: Applications of colloidal silica: Past, present, and future; in Bergna HE (ed): The Colloidal Chemistry of Silica. Washington, American Chemical Society, 1994, pp 581 –594.

[35] Chou TW: Designing of textile preforms for ceramic matrix composites; in Niihara K, Nakano K, Sekino T, Yasuda E (eds): High Temperature Ceramic Matrix Composites III. Key Engineering Mat 1999;164/165:409 –414.

[36] Chou TW, Kamiya R: Designing of textile preforms for ceramic matrix composites. Adv Composite Mater 1999;8:25 –31.

[37] Kamiya R, Cheeseman BA, Popper P, Chou TW: Some recent advances in the fabrication and design of three – dimensional textile preforms: A review. Composites Sci Technol 2000;60:33 –47.

[38] Bernstein U: Microfibre textiles for protective clothing with barrier properties. ITB Nonwovens Indust Text 1996;3:9 –12.

[39] Rabe M, Rödel H: Konfektion von Barrieretextilien am Beispiel von OP – Schutzausrüstungen. Hohensteiner Rep 1999;56:37 –44.

[40] Meckel – Jonas C, Fett – Schudnagis J: High – performance polyurethane ad-

hesives for textile lamination of technical fabrics and composites. Melliand Intern 1999; 5:300 - 301.

[41] Ehrler P: Textiltechnische Bewertung von Matrazenschutzbezügen (Encasings). Melliand Textilber 1998;79:557 - 561.

[42] Bartels VT, Umbach KH: Erforschung der bekleidungsphysiologischen Anforderungsprofile an Textilien für Krankenhaus - Schutzbekleidung. Tech Tcxtil 1999; 42:215.

[43] Waschko D, Swerew M: Neues Mehrweg - Bauchtuch aus Baumwolle mit langer Verwendbarkeit. Hohensteiner Rep 1999;56:25 - 30.

[44] Tan P, Tong L, Steven GP: Modelling for predicting the mechanical properties of textile composites-A review; in Niihara K, Nakano K, Sekino T, Yasuda E(eds): High Temperature Ceramic Matrix Composites II. Composites Part A 1997;903 - 922.

[45] Dauner M, Planck H: Bandersatz; in Planck H(ed): Kunststoffe und Elastomere in der Medizin. Stuttgart, Kohlhammer, 1993, pp 138 - 162.

[46] Dauner M: Zum Flechten von Implantaten für den Bandersatz - Flecht - und Flechtprozesswinkel. Band Flechtindust 1999;36:158 - 162.

[47] Kobashi T, Matsuda T: Fabrication of branched hybrid vascular prostheses. Tissue Eng 1999; 5:515 - 524.

[48] King MW, Soares MB, Guidoin R: The chemical, physical and structural properties of synthetic biomaterials used in hernia repair; in Bendavid R (ed): Prostheses and Abdominal Wall Hernias. Austin/Tex, Landes, 1994, pp 191 - 206.

[49] Marois Y, Cadi R, Gourdon J, Fatouraee N, King MW, Zhang Z, Guidion R: Biostability, inflam matory response and healing characteristics of a fluoropassivated polyester - knit mesh in the repair of experimental abdominal hernias. Artif Organs 2000; 24:533 - 543.

[50] Klinge U, Klosterhalfen B, Müller M, Anurov M, Ottinger A, Schumpelick V: Influence of polyglactin - coating on functional and morphological parameters of propylene - mesh modifications for abdominal wall repain Biomaterials 1999;20:613 - 623.

[51] Woerly S: Tissue engineering; in Sames K (ed): Medizinische Regeneration und Tissue Engineering. Landsberg am Lech, Ecomed, 2000, pp XI. I XI. 15.

[52] Langer R, Vacanti JP: Tissue engineering. Science 1993;260:920 - 926.

[53] Wintermantel E, Mayer J, Blum J, Eckert KL, Luscher P, Mathey M: Tissue engineering scaffolds using superstructures. Biomaterials 1996;17:83 - 91.

[54] Mayer J, Karamuk E, Akaike T, Wintermantel E: Matrices for tissue engineering - scaffold structure for a bioartificial liver support system. J Control Release 2000; 64:81 - 90.

[55] Karamuk E, Mayer J, Wintermantel E, Akaike T: Partially degradable film/fabric compositcs: Textile scaffolds for liver cell culture. Artif Organs 1999;23:881 - 884.

7 静脉功能不全治疗中的医用弹性压力袜

A. J. van Geest[a], *C. P. M. Franken*[b], *H. A. M. Neumann*[b]

a. 马斯特里赫特大学附属医院皮肤科,荷兰

b. 鹿特丹 dykzigt 医院皮肤科,荷兰

7.1 发展史

在世界范围内,下肢慢性静脉功能不全(CVI)是一种非常常见的疾病,它会引起许多不适和致残。在西方国家成人中 CVI 的发病率是 10% ~15%[1]。因为这种高发病率,CVI 也具有了社会经济的重要性。CVI 以水肿、色素过度沉着、脂性硬皮病、白色萎缩和最后腿部溃疡等一系列症状为特征[2]。压迫疗法是静脉疾病患者治疗的最重要部分,也用于支持静脉曲张的手术治疗或硬化压迫疗法。另外,压迫疗法也被用于下肢静脉溃疡愈后或淋巴水肿情况下的维持治疗。长期以来,它都是静脉疾病的唯一治疗方法,并已经使用了许多个世纪[3-4]。早在希波克拉底的信件(公元前 450—350 年,希波克拉底文集)里关于下肢溃疡的治疗中就提到了绷带。1363 年,来自(法国)蒙彼利埃的外科医生 Guy de Chauliac 在他的著作《外科学大全》中,提到了治疗静脉曲张和下肢溃疡时的绷带。Giovanni Michele Savonarola(大约是 1430 年)是第一位写绷带应该从远端到近端的人。他的弟子 W. Harveys(1537—1619)改进了这项技术,并把用狗皮制作的袜子写进了他的《外科学手术大全》中。Richard Wiseman(1622—1676)被称为用皮革鞋带制成的长筒袜治疗下肢溃疡的第一人。1839 年,橡胶被发现以后,William Brown 于 1848 年制造了第一只弹性长筒袜。1885 年,P. G. Unna 报道了治疗下肢溃疡患者的动态压迫疗法,从那时起,他就一直被认为是静脉学的真正先驱。真正的突破来自于可以用其他类型的线包覆橡胶线,很多种类的绷带和弹力压缩袜都已经投入使用,到现在为止也已经越来越完善了(图7-1)。

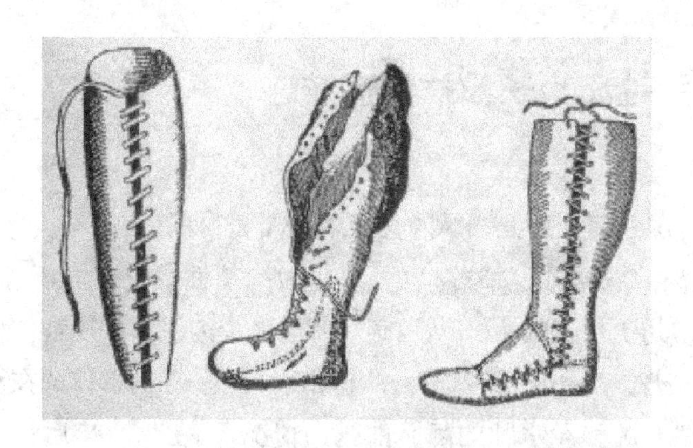

图7-1　1790—1849年期间的绑腿和有带的长筒袜

(资料来源:V. Wienert,教科书《压迫疗法》图1-11)

7.2　引言

目前,压迫疗法依然是治疗以CVI为代表的静脉疾病的重要方法。在CVI中静脉血回流心脏受到干扰,在大多数情况下,由于静脉系统回流,静脉(小腿)肌肉泵不能降低步行时的静脉压力,静脉压增高(一般被称为静脉高压)导致了小静脉增多和因此产生的毛细血管压力,CVI在皮肤上的所有可见征兆均与微循环紊乱有关[5]。此外,压迫疗法可以用作如心衰和低白蛋白血症导致的非静脉水肿的补充治疗方法。压迫疗法可以通过弹性和非弹性压迫绷带、医用弹性压力长筒袜(MECS)以及外部间歇性压迫疗法来实现[2]。压迫疗法的作用机理是通过向腿部施加压力,使(曲张的)静脉变窄,不足的穿孔静脉关闭,逆行血流减少。静脉血容量也会随之减少,小腿肌肉泵可以更好地工作,从而导致更高的组织氧合和更好的微循环。腿的一周不是完全圆形的,有凹凸不平的地方。这意味着向腿上施加的压力不会按比例分配在整个腿上,在这种情况下,必须考虑拉普拉斯定律 $T = P \times R$,其中 T 是张力或牵引力(绷带或长筒袜中弹性材料的张力),P 是压力,R 是直径。这意味着在腿部最小周长的地方(即踝关节/ B水平)压力最高。各种不同的材料和技术可被用于制造压缩绷带和医用弹性压力长筒袜(MECS)。在这一章中,将讨论不同类型的压迫疗法及其适应证。

7.3 医用弹性压力长筒袜的适应证

压迫疗法的适应证可以是静脉的,也可以是非静脉的(表7-1)[2,6],它可以作为手术或硬化疗法的短期补充治疗,也可以作为维持性治疗。加压等级I的长筒袜(15~21mm Hg)用于预防血栓形成,但是没有进一步的医学适应证。虽然已显现出对静脉系统的一些影响,但大多数医生并不相信加压等级I的 MECS 在 CVI 治疗中的作用。在依赖性水肿和无水肿的静脉曲张的情况下,硬化治疗后,Ⅱ级(23~32mm Hg)MECS 对 CVI 轻度水肿治疗有效。Ⅲ级(34~46mm Hg)的压力长筒袜对 CVI 静脉曲张合并水肿、静脉溃疡愈后、丹毒和血栓后综合证,中度至强烈的水肿形成是有效的。Ⅳ级(≥49mm Hg)的长筒袜主要用于淋巴水肿(表7-2)。

表7-1 压迫疗法的适应证

	适应证		适应证
静脉	慢性静脉功能不全	非静脉	丹毒
	下肢溃疡治疗		脉管炎
	深静脉血栓形成		非静脉下肢水肿
	浅表血栓性静脉炎		创伤后
	硬化疗法/静脉曲张手术补充治疗		淋巴水肿

表7-2 MECS 的加压等级

加压等级	踝关节处加压	
	hPa	mm Hg
加压等级 A(轻微)	13~19	10~14
加压等级Ⅰ(温和)	20~28	15~21
加压等级Ⅱ(中等)	31~43	23~32
加压等级Ⅲ(强烈)	45~61	34~46
加压等级Ⅳ(非常强烈)	≥65	≥49

注 1mmHg=1.333hPa

虽然压迫疗法有很多适应证，但尤其重要的仍然是CVI。CVI可以根据疾病的严重程度按 CEAP 分类法[7,8]或者更简单的 Widmer 分类法[9]进行分类。目前CEAP分类法已在国际上用于CVI的标准化，并且考虑到了临床表现以及病因、解剖和病理生理学状况。

压迫疗法最重要的禁忌证（表7－3）是踝臂指数小于60%或踝关节血压小于65mmHg的动脉功能不全。其他的禁忌证有：无足够代偿的急性深静脉血栓、重度充血性心脏病、对弹力袜和绷带材料的接触性过敏以及不明确的溃疡，例如皮肤癌[2,6]。

表7－3　压迫疗法的禁忌证[5]

动脉功能不全：踝臂血压指数<0.6或踝关节血压<65mmHg
完全闭塞的深静脉系统（例如：无足够代偿的深静脉血栓）
重度充血性心脏病
对医用弹性压力袜或者绷带成分的接触性过敏
不明确溃疡（例如：皮肤癌）

7.4　压力袜和绷带

压迫疗法既可以是有弹性的（绷带或压力袜）也可以是非弹性的（绷带）。两者的区别在于：弹性压迫在所有情况下都是有效，仰卧位也是如此。这涉及一个高的静息压力，它可能导致严重的并发症。这就解释了为什么在夜间必须摘除医用弹性压力袜和弹性压缩绷带，以避免动脉内流的问题，但可以穿戴非弹性绷带。

另外，非弹性压迫仅在直立位置时工作，因为它具有一个低的静息压力和高的工作压力。因此，步行可以提高非弹性压迫疗法的疗效，这也是为什么它被称为动态加压疗法的原因[11]。压迫疗法有两个阶段：第1阶段用于减轻水肿和/或腿部溃疡愈合，这通常是通过使用非弹性绷带来实现的。第2阶段涉及加压维持，主要使用医用弹性压力袜。人们应不断进行研究以确定是否有可能通过手术纠正下肢慢性静脉功能不全[12]。通常我们可以假设：为了获得肌肉泵功能的最佳支持，需要保持从远端到近端下降的压力梯度。拉普拉斯定律指出，在穿戴绷带或医用弹性压力袜的情况下，位于腿部远端的压力（在B水平上）将高于近端的压力。

7.5 医用弹性压力长筒袜的类型

现有两种类型医用弹性压力长筒袜可供选择:平针织接缝长筒袜和圆针织无缝长筒袜。两种类型都可以是标准化生产或个性化定制的,但最合身的是平针织,它是在不影响纱线张力的情况下编织一种线圈,然后再把边缝在一起,形成一条接缝从而完成长筒袜的制作。

圆针织长筒袜一般更薄且没有接缝,因此从美观上更受病人欢迎。制作过程中的尺寸大小是通过改变纱线的张力来实现的,因此,圆针织袜产生的压力不会像平针织袜那样精确[6]。

在世界范围内,使用圆针织标准制长筒袜是最常见的处方。然而,许多有静脉学问题的患者,或由于尺寸的偏差,或由于主要的病理原因,并不适合这类袜子。

7.6 欧洲标准化委员会

欧洲标准化委员会(CEN)[13]已经制定了医用弹性长筒袜的标准。该欧洲标准规定了医用弹性压力袜的要求,并提供了测试方法。

7.6.1 医用弹性压力长筒袜用纺织品的特性

弹性与弹性系数[EC]。医用弹性压力长筒袜由天然或合成橡胶纱线制成,橡胶最重要的特点之一就是它的弹性。弹性是指材料在引起拉伸形变的外力撤销后恢复原来形状的能力。

弹性纱线所施加的压力与其延伸性有关,这意味着非伸展性长筒袜圆周所施加的压力与腿的周长之间存在一定的关系。

如果下肢的周长增大,就像在步行和水肿形成过程中一样,下肢感受到的压力也会增加一定的量。这个现象与长筒袜所用纱线的弹性系数直接相关。长筒袜的弹性特征也被称为刚度或斜率值(图 7-2),它被定义为:B 水平位置上的周长增加 1cm 时,B 水平位置上压力的增加[14]。

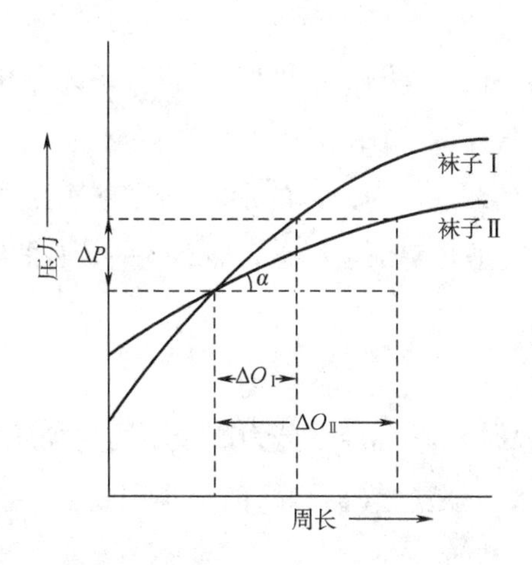

图7-2 压力—周长的关系

袜子Ⅰ具有高弹性系数(*EC*),袜子Ⅱ具有低弹性系数。(在这种情况下 $\tan\alpha = EC = \Delta P/\Delta O$)

刚度(S)与斜率值由以下公式计算:

$$S = \frac{P_{+1} - P_{-1}}{2} \text{hPa/cm (mm Hg/cm)}$$

这里 P 代表压力,P_{+1} 和 P_{-1} 代表在 B 水平上周长分别加 1cm 和减 1cm 时的压力。刚度与斜率值越高,长筒袜越能防止水肿,但穿上袜子就越困难。当病人很难穿上一只长筒袜时,可以把两只压力较小的长筒袜套起来穿,这时长筒袜的压力可以叠加。

迟滞现象。迟滞是指弹性产品在反复应力—松弛循环后回复时,其恢复线性长度的损失[15]。弹性长筒袜或绷带在拉伸后永远不会完全恢复到初始长度,理想的材料应该是尽可能少变形,例如乌娜靴(Unna's boot)。

每一种纤维针织物,即每一种弹性长筒袜,都有自己的迟滞曲线。一条迟滞曲线代表了弹性材料的变形特性和连续应力—松弛循环后的回复性。

7.6.2 医用弹性压力长筒袜的制造

医用弹性压力长筒袜应由以下其中一种针织工艺来生产:

A. 嵌入弹性纱或者嵌入弹性和针织弹性纱制造的平针织接缝长筒袜。这种嵌入的弹性纱至少应该每隔一排使用一次。当以无嵌入纱针织制造时,最小线密度为 156dtex 的纱线也至少应该每隔一排使用一次。弹力袜的形状应该通过改变针数来实现。

B. 弹性纱或者嵌入纱和针织弹性纱制造的圆针织无缝长筒袜。这种嵌入纱线至少应该每隔一圈使用一次。当压力袜以无嵌入纱针织制造时,每圈都应该使用最小线密度为 156dtex 的纱线。弹力袜的形状由改变每圈的紧实度和针织纱线的张力来决定,它应该具有适合解剖学形态和伸展性的紧身的针织脚跟。

7.6.3 加压等级

现有的所有袜子根据 CEN 标准被分为四个不同的加压等级[13]。这种压力分级由弹性袜施加在 B 水平位置上(即脚踝的最小周长处)的压力决定。加压等级见表 7-2。

7.6.4 压力分布图

压力分布图呈现了沿腿部受 MEC 施加的压力。从脚踝到髋部的压力降低应该与引力影响减小的范围相同。欧洲沿腿部压力分布见图 7-3。

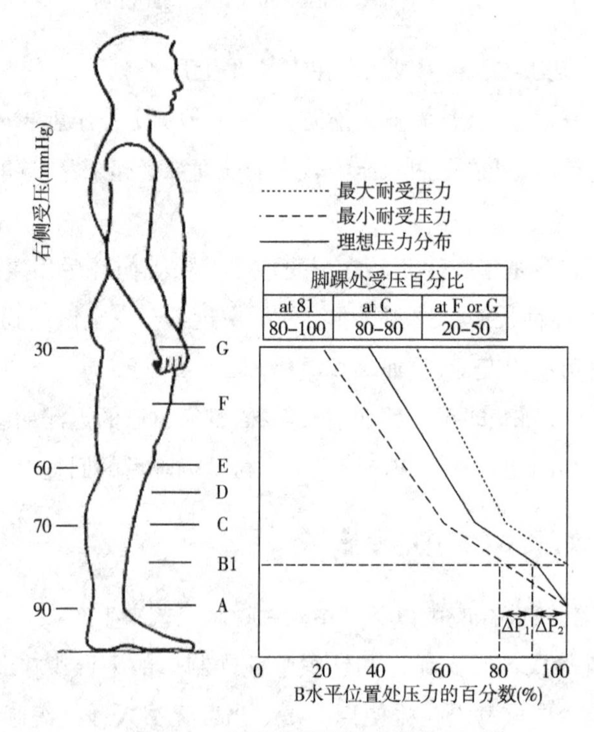

图 7-3 欧洲沿腿部压力分布图

7.7 测量医用压力袜

所有腿部的测量都必须在完全无水肿的状态下进行,并且是在规定的测量点 *A* 到点 *G* 处测量(图 7-4)。在仰卧位置用测量装置来完成(图 7-5)。测量后,这个尺寸可以与标准号码表进行比较,如果尺寸与标准号码表不相符或有严重的静脉炎病理时,压力袜必须做测量。医生的测量会改善加压质量,从而更适合病人[2]。在下肢深静脉血栓和淋巴水肿情况下的硬化压迫疗法中,袜子的长度一般是 *AG*。在下肢慢性静脉功能不全的情况下,使用 *AD* 长度的袜子。合适的弹力袜最重要的参数是没有水肿,因此最好是在下午晚些时候探视使用弹力袜的病人,因为这时是否有水肿形成比较清楚。人们必须认识到与压力袜产品有关的接触性过敏,并始终密切注意压力袜是否合身。感觉不适的病人通常需要更紧的压力袜,而不是较低压力等级的袜子。对于有外踝后区溃疡病史的患者,有时需要一个加压垫来提供额外的压力,以防止溃疡复发。

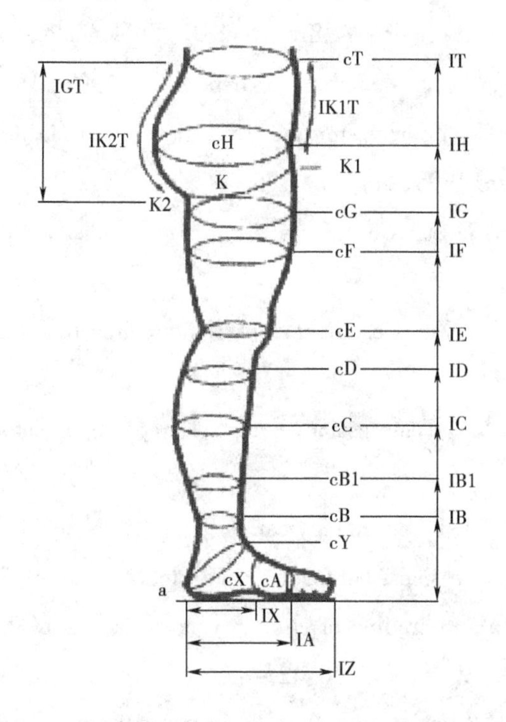

图 7-4 腿部 *A* 到 *G* 的测量点(按照 CEN 规定)

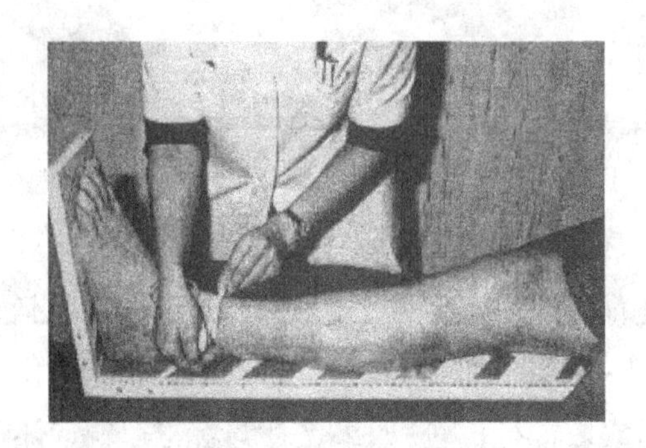

图 7－5 测量腿部确定医用弹性压力袜尺码

如上所述，对于许多静脉炎患者或有形成非静脉水肿倾向的患者来讲，压迫疗法是非常重要的。为了获得成功的压迫疗法，应从现有的各种医用弹性压力长筒袜中作出谨慎的选择，每一个参与压迫治疗的人都需要有临床知识。此外，患者需要接受教育和激励去穿着压力袜，而遵医嘱是事关这种疗法成功与否的关键。

参考文献

[1] Krijnen RMA, de Boer EM, Bruynzeel DP: Epidemiology of venous disorders in the general and occupational population. Epidemiol Rev 1997; 19:294－309.

[2] Neumann HAM: Compression therapy with medical elastic stockings for venous diseases. Dermatol Surg 1998;24:765－770.

[3] Hohlbaum GG: Zur Geschichte der Kompressionstherapie. I. Phlebol Proktol 1987;16:241－255.

[4] Hohlbaum GG: Zur Geschichte der Kompressionstherapie. II. Phlebol Proktol 1988;17:24－37.

[5] Neumann HAM: Compression therapy: European regulatory affairs. Phlebology 2000;15:182－187.

[6] Neumann HAM: When therapy can only be ... a stocking: Prescription requirements for medical compression stockings. Scripta Phlebol 1996;4:30－35.

[7] Classification and grading of chronic venous disease of the lower limb: A consensus statement. Phlebology 1995;10:42－45.

[8] Veraart JCJM: Clinical aspects of compression therapy; thesis, Maastricht 1997.

[9] Widmer LK, Stähelin HB, Nissen C, da Silva A: Venen – , Arterien – und koronare Herzkrankheit bei Berufstäigen. Bern, Huber, 1981, pp 66 – 82.

[10] Callam M J, Ruckley CV, Dale J J, Harper DR: Hazards of compression treatment of the leg: An estimate from Scottish surgeons. BMJ 1987; 295: 1382.

[11] Neumann HAM, Tazelaar DJ: Compression therapy: in Bergan JJ, Goldman MP (eds): Varicose Veins and Teleangiectasias – Diagnosis and Treatment. St Louis, Quality Medical Publishing, 1999, pp 127 – 149.

[12] Partsch H: Besserbare und nicht – besserbare chronische venöse Insuffizienz. VASA 1980; 9: 165 – 167.

[13] CEN Document: CEN/TC205/WG2/N229. Commission medical compression hosiery. Feb 2001.

[14] Van Geest AJ, Veraart JCJM, Nelemans P, Neumann HAM: The effect of medical elastic compression stockings with different slope values on edema, measurements underneath three different types of stockings. Dermatol Surg 2000; 26: 244 – 247.

[15] Gardon – Mollard C, Ramelet AA. Compression Therapy. Paris, Masson, 1999.

8 烧伤后的压迫治疗

V. Wienert

德国亚琛市，亚琛大学附属医院皮肤科

加压服装，如套装、面罩、手套和长袜，都可用于烧伤患者以预防和治疗增生性瘢痕和瘢痕疙瘩，以及治疗挛缩和关节变形。烧伤是由于接触热液体或蒸汽、火、热表面、电和化学物质引起的[1]。早在 1924 年，Blair[2] 就报道了压力和加压对伤口愈合的积极影响。1961 年，Cronin [3] 描述了他在整形外科手术后通过加压来防止挛缩的成功经验。1971 年，Larson 等人[4] 第一次报道了烧伤病人的伤口在加压下愈合得更快，由此产生的疤痕比没有这种治疗的伤疤更平坦、更柔软。在 Larson 等的观察和经验基础上，20 世纪 70 年代，美国 Jobst 公司率先开发了治疗肥厚性烧伤瘢痕的加压服装[5]。

8.1 烧伤损害

一般来说，浅表性Ⅰ度和Ⅱ度烧伤在 14 天内上皮形成可以无疤痕。Ⅱ度和Ⅲ度烧伤大约在 30 天愈合后，常形成增生性瘢痕和瘢痕疙瘩。如果它们正好处在关节部位，就可能会导致关节的收缩和变形[6]。在这些情况下，会出现凸起的红斑硬质区域，它们有时是连续平坦的，有时会形成小梁，偶尔也会有高出皮肤平面的奇怪的结构，这些几乎不可能或者根本不可能在皮下组织中被移除瘙痒是一种常见的伴随症状。在愈合过程中，疤痕会变得更苍白和柔软，但外观和功能缺陷愈合的主要问题只有通过恰当的治疗才能解决。

在无压迫治疗伤口愈合过程中的组织学观察最初显示出狭窄的波纹状规则排

列的胶原纤维束，它们的横截面直径逐渐增大，排列也变得不规则，纤维显得杂乱无章，形似漩涡。此外，增生性瘢痕形成强烈的血管化。

对增生性瘢痕组织的电子显微镜观察显示，肌成纤维细胞（细胞内成纤维细胞）明显导致了疤痕的收缩和挛缩的发生[7]。Larson 等[4]的研究显示，在增生性瘢痕组织中糖蛋白和黏多糖的含量高于正常瘢痕组织。与正常瘢痕组织相比较，胶原羟脯氨酸的酶活性在瘢痕疙瘩中是正常瘢痕组织中的 14 倍，在增生性瘢痕中是 4 倍。创伤后，瘢痕疙瘩和增生性瘢痕创面愈合后 2 ~ 3 年，常规的胶原蛋白合成仍然是病理性的。

8.2 制造商

德国布格瓦尔德 Thuasne 公司（Thuasne，Burgwald，Germany）生产的 Cicatrex 产品和德国艾默里克 Jobst 公司生产的 Jobskin 产品（Jobst，Emmerich，Germany）目前在德国市场上有销售，这些产品既可以作为系列产品购买，也可以是个人定制的各种颜色产品（套装、面具、手套、长筒袜）。Jobskin 的临时护理产品特别适用于早期阶段的治疗，而 Jobskin 的量体定制产品则适用于后期烧伤治疗。

8.3 特点

所有产品都具有横向和纵向弹性，它们主要由黏胶和弹性纤维（莱卡）组成。

8.4 黏胶（纤维素黏胶纤维、黏胶短纤维）

与天然棉纤维不同，黏胶短纤维是一种再生纤维素纤维，属于化学纤维。经纯化和漂白的纤维素片可作为原料，它是由云杉、山毛榉、松树和杨树木材生产，也可以由秸秆经硫化物消化或经氢氧化钠和硫酸钠处理生产。黏胶纤维是棉花的替代品，像棉花一样，它也具有很强的吸水性。

8.5 弹性纤维(莱卡)

弹性纤维由85%的聚氨酯(PU)组成,聚氨酯是由二异氰酸酯、二醇类或其他含羟基化合物加聚而成。这种高弹性纤维耐几乎所有的稀酸和碱以及油脂,且抗老化和耐光性能良好,在温度高达105℃时仍然是稳定的。它的吸湿性很小(1.5%),在皮肤上的加压作用在25~32mmHg之间,这个值高于20mmHg的平均毛细血管压力。病人所能承受的压力取决于位置,例如,四肢所能承受的压力远高于胸部。

8.6 标准

像医用压力袜一样,加压服装尚无标准,弹性、施加的压力、耐久性和标签都没有规定。1997年4月,必要条件条例第五修正案生效,根据这项修正案的规定,加压服装上不允许存在可分解出致癌芳胺的偶氮染料。它们是:4-氨基联苯、联苯胺、4-氯邻甲苯胺、2-萘胺、邻氨基偶氮甲苯、2-氨基-4-硝基甲苯、对氯苯胺、2,4-二氨基苯甲醚、4,4'-二氨基二苯甲烷、3,3'-二氯联苯胺、3,3'-二甲氧基联苯胺、3,3'-二甲基-4,4'-二氨基二苯甲烷、2-甲氧基-5-甲基苯胺、4,4'-亚甲基二(2-氯苯胺)、4,4'-二氨基二苯醚、4,4'-二氨基二苯硫醚、邻甲苯胺、2,4-二氨基甲苯、2,4,5-三甲基苯胺。四价铬化合物也是被禁用的。由于过敏诱导率高,联邦保护消费者健康与兽医研究所建议不要使用以下分散染料:分散蓝1、35、106、124,分散黄3,分散橙3、37/76和分散红。三(2,3-二溴丙基)磷酸酯(TRIS)、三(吖丙啶基)氧化膦(TEPA)和多溴联苯(PBB)阻燃剂也禁止使用。

8.7 耐受性

目前缺乏加压服装耐受性方面的研究。作为对弹力纤维或黏胶纤维反应的皮肤过敏,如荨麻疹(即时型过敏症)或接触性湿疹(迟发型过敏症),无疑都是极为罕见的。服装的pH应该处于5~7之间,即在皮肤的生理范围内。长时间的高pH可导致有毒的刺激性湿疹。与碱的持续接触会刺激表皮生态,破坏通常存在的保护皮肤的酸性水脂层,从而引发湿疹。

8.8 加压服装的适应证

加压服装适用于Ⅱ度和Ⅲ度烧伤病人及整形手术后存在形成瘢痕疙瘩风险的病人。

8.9 应用

通常情况下,加压服装治疗是在烧伤区域稳定的再上皮化后开始的,即自事故发生3~4周后。这种加压治疗必须进行至少15个月,因为最终的疤痕愈合是在这个时期后才能完成,同时还必须定期地检查伤疤的形态、颜色和触诊,实际上,儿童的治疗应长达24个月。加压服装需要日夜穿着,其弹性的损失必须由具有经验的治疗师定期检查,通常2~3个月需要更新一次[7]。运动疗法也是加压治疗的一部分。

8.10 作用方式

作用方式基于两种机理:血流量减少会导致局部的低氧血症(非缺血),它阻碍了成纤维细胞向肌成纤维细胞的转化,中断胶原蛋白的过度生成。此外,毛细血管减少,瘢痕变浅,受加压的影响,平行的胶原蛋白纤维的排列被保持下来,避免了涡旋的形成。

8.11 副作用

在加压治疗下,剧烈的瘙痒和汗液的增加常令人难以忍受。

8.12 护理

加压服装的使用和护理是非常重要的,因为这会影响到服装的质量,进而影响治疗效果。从正确的穿戴开始,橡胶手套(厨房里使用的手套)是有帮助的。病人需要练习做到避免(用力)拉伸和撕裂服装,避免用尖的或粗糙的指甲损伤衣服。加压服装基本上不受脂肪、油和奶油的影响,但我们还是建议应每天清洗,因为无论如何,汗液和污垢都会影响材料。机器洗涤可使用不含织物柔软剂和荧光增白剂的适用于有色物的洗涤剂,在30~40℃不甩干的情况下进行;手洗可使用温和的洗涤剂,并小心地漂洗完成。加压服装既不能在散热器上干燥,也不能在甩干机中或通过熨烫干燥,而应在晾衣绳上自然干燥。松节油和苯等各种除污剂可能会破坏织物结构。

8.13 承诺

在对孩子进行治疗时,父母也必须彻底了解情况,主要是他们愿意配合,这对接受治疗至关重要。

8.14 疗效

目前,已有许多有关加压服装对烧伤的预防和治疗效果的研究报道[5,8-13]。

愈合过程和压迫治疗的成功取决于几个因素:主要是患者的年龄、烧伤的部位和关节活度。例如,5 岁以上儿童的治疗效果好于35 岁及以上的成年人[11]。尽管如此,烧伤的原因和性质以及患者的种族血统也起着一定的作用。瘢痕疙瘩的易感性增加以及增生性瘢痕形成的趋势尤其表现在相对难以加压的部位,例如:腋窝、腹股沟和锁骨区域。手和脚的治疗也不是那么简单,因为即使使用了加压手套或合适的长筒袜,也不能总是避免蹼状疤痕的产生[14]。然而,我们可以期望在手臂和腿部以及上躯干上获得非常好的长期效果[13]。

8.15 风险和副作用

不合身加压服装的收缩效应可能引起机械水肿,例如眼眶区域的眼睑水肿。由于局部压力升高,肢体上可能出现类似的情况。有些病人非常苦恼,因为他们的加压服装在其他人看来很可怕,尤其是戴在头部时[15]。

参考文献

[1] Krenzer – Scheidemantel G: Therapeutic care and compression therapy for burns in children. Kinderkrankenschwester 1995; 14:2 – 6.

[2] Blair VP: The influence of mechanical pressure on wound healing. Ill Med J 1924;46:249 – 252.

[3] Cronin TD: The use of a molded splint to prevent contracture after split skin grafting on the neck. Plast Reconstr Surg 1961;27:7 – 18.

[4] Larson DL, Abston S, Evans EB, Dobrkovsky M, Linares HA: Techniques for decreasing scar formation and contractures in the burned patient. J Trauma 1971 ;11: 807 – 823.

[5] Ward RS: Pressure therapy for the control of hypertrophic scar formation after burn injury a history and review. J Burn Care Rehabil 1991;12:257 – 262.

[6] Pochon JP, Saur I: Behandlung von Verbrennungsverletzungen mit Schienen und Kompressionsanzügen bei Kindern und Jugendlichen. Z Unfallmed Berufskr 1979; 72:256 – 264.

[7] Garcia - Velasco M, Ley R, Mutch D, Surkes M, Williams HB: Compression treatment of hypertrophic scars in burned children. Can J Surg 1978;21:450 - 452.

[8] Ause - Ellials KL, Richard R, Miller SF, Finley KR: The effect of mechanical compression on chronic hand edema after burn injury: A preliminary report. J Burn Care Rehabil 1994; 15:29 - 33.

[9] Bingham HG, Hudson D, Popp J: A retrospective review of the burn intensive care unit admissions for a year. J Burn Care Rehabil 1995;16:56 - 58.

[10] Clark BL: Compression treatment for burn scars. Can J Surg 1978;21:380.

[11] Eckert T, Höcht B, Woidich J: Spätergebnisse nach Kompressionsbehandlung bei tief zweit - und drittgradigen Verbrennungen. Langenbecks Arch Chir 1984;364:241 - 244.

[12] Klöti I, Saur I, Pochon JP: Isolierte Verbrühungen und Verbrennungen an Händen im Kleinkindesalter. Z Kinderchir 1984;39:320 - 323.

[13] Rose MP, Dutch EA: The clinical use of a tubular compression bandage, Tubigrip, for burn-scar therapy: A critical analysis. Burns 1985;12:58 - 64.

[14] Newmeyer WL, Kilgore ES: Management of the burned hand. Phys Ther 1977; 57:16 - 23.

[15] Marduel YN: Compression in burn victims; in Gardon - Mollard C, Ramelet AA (eds): Compression Therapy. Paris, Masson, 1999, pp 149 - 154.

9　纺织工业中的职业性接触性皮炎

W. Wigger Alberti,P. Elsner

德国耶拿,弗里德里希席勒大学,皮肤病与过敏学(变态反应学)系

虽然有结构上的变化和与市场条件有关的变化,纺织业仍然属于工业世界中具有重大经济意义的工业。使用的物质种类繁多,工序也很复杂,除服装和家用纺织品外,还生产用于不同行业的产业用纺织品,如车辆和道路建设领域用纺织品。由于今天的纺织工业几乎完全机械化,职业性刺激和过敏引起的接触性皮炎并不常见,它们通常是由树脂或染料引起的[1-5]。虽然纤维生产过程中所需物质的致敏作用已有报告,如尼龙6纤维聚合中的e-己内酰胺,但纤维本身是极为罕见的致敏剂,会引起刺激性皮炎[6]。皮肤病多为接触性皮炎,主要发生在手和小臂上,部分在面部。

9.1　纺织加工阶段

一般而言,对纺织行业从业人员具有刺激性和过敏性潜在危险的物质的范围类似于与消费者有关的那些物质,因此,可能的职业性皮肤病是由纺织纤维、着色材料、装备材料和辅料所引起。但也可能由于生产过程的原因,使皮肤受到额外的和相当特殊的刺激。人们应区分下列工作区域和加工过程:纺丝、纱线加工、机织、针织、染色、后整理以及裁剪和缝制。

在纺纱厂,纱线是由天然纤维(羊毛、蚕丝、亚麻和棉花)、再生纤维素纤维(黏胶或人造棉、醋酯纤维和莱赛尔纤维)或合成聚合物(涤纶、锦纶、腈纶、氨纶等)制成。特别是在合成纤维的加工中,为了保护它们免受机械载荷和提高滑动能力,需要使用润滑油乳液。它们是一个混合物,由酯、脂肪酸、聚氧乙烯醚、抗静电剂、杀菌剂和矿物油以不同配比混合组成[9]。完成纺纱后,纱线需要经过拉伸或化学合成聚合物进行平滑处理,如聚乙烯醇或聚丙烯酸酯,以提高其在织造过程中的耐磨性。在针织厂,纱线上机前也需要用润滑剂打蜡。

在染整加工过程中,有大量的物质被使用。除着色剂外,纺织助剂目录中列出了大约6,900种物质[10]。经过预处理后,纺织品可用于各种工艺,如染色、印花和后整理等。以改善纤维和织物特性为目的的各种化学品的应用,取决于合成材料本身以及所期望的纺织品性能特点[11]。例如,纤维素纤维为预处理要进行烧毛、碱洗去污、煮练(采用有或无电压浓碱液浸泡,然后水洗)、漂白(采用盐酸、氧或其他非氯物)和再水洗[12]。

染色是最重要的加工工艺之一。纤维的种类不同,使用的染料也不同。分散染料主要用于涤纶和醋酯纤维的染色,依据它们的化学结构,偶氮、蒽醌或硝基化合物是当今最重要的染料类型。此外还有许多其他种类的染料,如碱性染料、酸性染料、冰染染料、直接染料、颜料、活性染料、溶剂染料、还原染料、媒染染料和硫化染料[13]。除染料和颜料外,还需要使用各种纺织助剂,如润湿剂、酸和碱等,以获得均匀和纯正的色彩。当工人添加染液或从染缸里取出染色纺织品以及在维护和清洗过程中,手和小臂都存在皮肤接触的可能,对已着色织物的进一步处理也可能致敏。当大多数染料寻求与天然纤维如羊毛和棉花具有牢固的连接以便难以去除时,这些染料与合成纤维如尼龙、德拉纶和贝纶的黏着性较差,因此,还存在对所使用染料的类型与性质的另一种明显的依存关系[14]。此外,潮湿的工作也促使刺激性皮炎的发生。

整理纺织品改变了纺织品的携带和保养特性,使其在日常使用中更加容易护理。整理工艺包括漂白、改善外观的轧光、增加身骨的上浆和预缩。除机械工序外,也包含化学工序。为获得防水、拒水、防焰、防火和阻燃的整理效果,采用了基于尿素、三聚氰胺或环脲衍生物和甲醛合成的树脂,近几年来,越来越多的无甲醛树脂出现了[15]。纺织品经过抗菌剂整理达到抵抗真菌和细菌的目的,通常只有羊毛制成的厚重纺织品,如地毯、制服、毛毯和装饰性纺织品,才使用杀虫剂(如拟除虫菊酯)进行整理[16]。纺织业的缝纫工也可能接触到不同的纺织品成分和辅料,如镍制成的金属部件。通过裁剪、缝纫和熨烫过程,皮肤的刺激性反应有可能发生。

9.2 刺激性接触性皮炎

在53名患有主要因工作引发湿疹的纺织工人中，Soni 和 Sherertz[5]发现21例是过敏性接触性皮炎，27例诊断为刺激性接触性皮炎。Gasperini 等人[17]对161名受雇于纺织业（57人）和服装业（104人）的职业性皮肤病患者进行了检查，发现服装行业的刺激性接触性皮炎发生率（68.3%）高于过敏性（31.7%），而纺织行业的刺激性（50.8%）与过敏性（49.2%）接触性皮炎的数据基本相同。皮肤刺激主要发生在缝纫、裁剪和熨烫等活动中。对纺织工业来说，染色、纺纱和整理等工艺过程可能导致刺激性反应，特别是接触酸和碱液、漂白剂（过氧化氢、氯化钠、连二亚硫酸钠）、洗涤剂和清洗剂（表面活性剂）以及织物调理剂等都是很重要的诱因。此外，长期暴露在机器和纤维本身的热、蒸汽和振动中会导致刺激皮肤反应[1-2,18]，进一步的皮肤刺激性也可能因保养工作用的机油（矿物油）引起[19]。

9.3 过敏性接触性皮炎

纺织工业从业人员的过敏性接触性皮炎最常见的原因是染料和染色整理剂致敏[1-5,20-21]。Soni 和 Sherertz[5]发现他们检查的纺织工人中有46.1%对染料过敏，42.3%对甲醛或甲醛树脂过敏，38.5%对橡胶制品过敏，11.5%对机油过敏，7.7%对其他物质如环氧树脂和异丙醇过敏，34.6%的人有多重相关过敏反应。根据 Kalcklosch 和 Wohlgiuth[13]的研究，偶氮染料是主要的过敏原，因为它们是应用最广泛的染料（世界上大约50%的染料是偶氮染料）。

9.3.1 树脂/甲醛

实际上我们已经观测到了由于各种纺织整理剂诱发的过敏反应[17,22-25]，甚至是由整理后的产品引起的接触性荨麻疹病例也有报道[26-27]。在20世纪50年代末，德国 Hoechst 公司生产的 Imperon P[一种多功能氨基化合物，三（乙亚胺）膦氧化物]，作为碳墨压印工艺中的黏合剂，导致了几例纺织工人过敏性接触性皮炎的发生[28]。Hartung[29]报道了防水帆布企业女裁缝湿疹的案例,这些防水帆布曾经过醋酸苯汞和油酸酯处理。

从历史上看,抗皱整理剂中的甲醛致敏作用在纺织业中很常见。纺织品甲醛树脂(也称为耐久压烫树脂或永久定形树脂)自1926年以来一直应用于织物,以赋予100%纯棉,特别是涤棉混纺织物在穿着和洗涤过程中的抗皱性能[6,30]。列出的合成树脂有脲醛树脂(N-羟甲基脲,二羟甲基脲)和三聚氰胺甲醛树脂(二羟甲基三聚氰胺,四羟甲基三聚氰胺,六羟甲基三聚氰胺),它们与甲醛反应形成相邻纤维素分子间的交联以及环脲衍生物树脂(二羟甲基乙烯脲、二羟甲基丙烯脲、二羟甲基二羟基乙烯脲、二甲氧基甲基二羟基脲),它们可直接与纤维相连接[31]。此外,甲醛释放量有很大的不同[32-33]。Dooms - Goossens 等[34]发现了作为引起面部皮炎原因之一的二甲硫脲IV型过敏反应;Fowler 等[32]报道了纺织业5例过敏性接触性皮炎病例,在缝纫工身上观察对甲醛和几种甲醛树脂的阳性斑贴皮肤过敏试验反应。一些作者认为对甲醛树脂的反应并非不可避免地与甲醛过敏相关[32,35]。由于这一事实和甲醛应用持续减少,它不再被推荐作为斑贴试验的标记物质[5,32,36]。此外,主要从亚洲市场进口的纺织品越来越多,其中一些缺乏树脂的规格、类型和程度,这一事实也同样适用于所使用的纺织染料。

Matura 等[37]报道了一名化学家因纺织品防水整理乳液中的丙烯酸酯引起的手部湿症病例。报道过纺织工人手部和前臂皮炎病例的 Kiec - Swerczynska[38]还报道了作为彩色印花工艺组分的丙烯酸酯树脂的致敏作用。同样,除污剂、防腐剂和杀菌剂中的氟化烃也属于致敏物质[39]。Valsecchi 等[9]观察到被用于纺丝装置中以防止细菌污染和静电的 Kathon CG 水溶性油的致敏作用。Kawai 等[40]报道了有8人因 Kathon 930 而患上接触性过敏。最近,Podmore [41]和 Batta[42]等报告了由纺丝整理油生物杀灭剂引起的职业性过敏性接触性皮炎的其他病例。对抗菌物质如甲酚或汞盐的过敏反应同样也有报告[11,43]。

9.3.2 染料

大多数过敏反应发生在分散染料上,这些染料主要用于混纺织物和合成纤维的染色[2,6,44-45]。活性染料主要用于棉花的染色。Manzini 等[46]报道了由 Cibacron CR 红和 Cibacron CB 海军蓝引起的空气接触性皮炎。Thoren 等[47]报道了一例因活性染料同时引起哮喘和接触性皮炎的病例。Stlander[48]还发表了5个病例,其中

1 例患有荨麻疹。近年来[2,20,43,49-57]和最近由 Sedenari[8]、Brown[58]和 Nilsson[59]等发表了更多与工作有关的染料过敏病例以及 Stlander 等[44]报告的 21 起病例。Carretero Anibarro 等[60]报道了一名制衣厂女工由于使用蒸汽熨斗熨烫衣服患上了空气接触过敏性皮炎的病例。皮肤斑贴过敏试验对可通过蒸汽熨烫的润湿和汽化从纤维中释放出来的分散蓝 124 和分散蓝 106 呈阳性反应。许多作者报告了由萘酚染料引起的接触性皮炎[44,61-62]。

偶氮染料的特征是至少存在一个偶氮基(—N═N—),在特征氮氮双键断裂后,会生成化学结构上与对苯二胺、对氨基苯酚和对甲苯二胺有关的碎片,由此可以解释在偶氮染料与对氨基化合物之间存在的大量交叉致敏作用[8,64-65]。自 20 世纪 80 年代中期以来,利用交叉致敏作用,对苯二胺已用做大多数由偶氮染料引起的纺织品染料过敏测试系列中的标识物。然而,根据最近的研究显示,对苯二胺并不适用于所有的纺织染料皮炎[5,8,13,36,45,64-65]。在诊断中,由于缺乏关于全球使用染料谱的证据,因此病人自己的测试物质往往是非常有用和必要的,特别是许多染料是其他各种染料的混合物或含有污染物质,如铬酸盐、钴和助剂[48]。

9.3.3 其他纺织过敏原

尽管严格说来,由于纺织纤维引起的过敏反应是罕见的,但氨纶和橡胶生产的弹性胶带会导致过敏反应,过敏原可能是橡胶促进剂和纤维聚合物,尤其是已被确定为致敏原的巯基苯并噻唑[66]。缝纫工人更是可能接触到镍材质的辅料和缝纫机的金属部件,因为有前面镍的致敏作用,因此这可能导致接触性皮炎的发生。最近,Schubert[67]报道了一位在缝纫车间里从事男裤制作的女裁缝,因镍粉引起了空气传播引发镍皮炎的病例,这些镍粉主要由车间里移动的镀镍裤架摩擦产生。此外,金属络合染料中的重金属成分也可能引起过敏反应[68]。

总的来说,自动化加工和防护服是防止纺织业职业接触性皮炎的有效手段。即使是使用护肤霜也可以提供一个保护屏障,但它们应该是在清洁的皮肤上定期进行使用。除了在工业安全领域和职业病医学方面的发展外,为了更新安全法规保护就业人员,更好地了解过敏原和工作物质潜在的刺激性危险是非常必要的。由于目前许多过敏原无法通过通常的筛查方法来诊断,因此,在每一个个案中,测试每个病人自己的过敏物质看起来都是合理的。

参考文献

[1] Adams RM: Occupational Skin Disease. New York, Grune & Stratton, 1983.

[2] Cronin E: Contact Dermatitis. Edinburgh, Churchill Livingstone, 1980.

[3] Estlander T: Clothing; in Guin JD (ed): Clothing. New York, McGraw - Hill, 1995, pp 297 - 323.

[4] Fisher AA: Contact Dermatitis. Philadelphia, Lea & Febiger, 1986.

[5] Soni BP, Sherertz EF: Contact dermatitis in the textile industry: A review of 72 patients. Am J Contact Dermat 1996; 7: 226 - 230.

[6] Foussereau J: Textile industry; in Foussereau J, Benezra C, Maibach HI (eds): Textile Industry. Copenhagen, Munksgaard, 1982, pp 260 - 266.

[7] Aguirre A, Perez RG, Zubizarreta J, Landa N, de Galdeano CS, Perez JLD: Allergic contact dermatitis from ε - caprolactam. Contact Dermatitis 1995; 32: 174 - 175.

[8] Seidenari S, Manzini BM, Danese P: Contact sensitization to textile dyes: Description of 100 subjects. Contact Dermatitis 1991; 24: 253 - 258.

[9] Valsecchi R, Leghissa P, Piazolla S, Cainelli T, Seghizzi P: Occupational dermatitis from isothiazolinones in the nylon production. Dermatology 1993; 187: 109 - 111.

[10] Textilhilfsmittelkatalog. Leinfelden - Echterdingen, Konradin Verlag, 1990.

[11] Gmehling J, Lehmann E, Hohmann R, Allescher W: Stoffbelastung in der Textilindustrie. Schriftenreihe der Bundesanstalt für Arbeitsschutz, GA 37, Dortmund 1991.

[12] Muchenberger H: Veredlung; in Textilverband Schweiz TVS: Haut und Umwelt. Zürich, Textilverband Schweiz TVS, 1995, pp 32 - 36.

[13] Kalcklösch M, Wohlgemuth H: Allergische Reaktionen auf Textilfarbstoffe. Allergo J 1997; 6: 77 - 80.

[14] Hausen BM: Reaktionen auf Duftstoffe und Textilien. Z Hautkr 1987; 62: 1649 - 1656.

[15] Braschler A, Joss K: Ausrüstung; in Textilverband Schweiz TVS: Ausrüstung. Zürich, Textilverband Schweiz TVS, 1995, pp 41 - 44.

[16] Kralicek P: Textilien und Gesundheit. St Gallen, EMPA, 1995.

[17] Gasperini M, Farli M, Lombardi P, Sertoli A: Contact dermatitis in the textile and garment industry; in Frosch PJ, Dooms – Goossens A, Lachapelle JM, Rycroft RJG, Scheper RJ (eds): Contact Dermatitis in the Textile and Garment Industry. Berlin, Springer, 1989, pp 326 – 329.

[18] Launis L, Laine A: Toxic dermatitis in a Finnish textile factory. Contact Dermatitis 1980;6:51.

[19] Burrows D: Contact dermatitis to machine oil in hosiery workers. Contact Dermatitis 1980; 6:10.

[20] Malten KE: Eczema in a cotton – printing mill. Acta DermVenereol 1957; 2:353.

[21] Newhouse ML: Dermatitis in a clothing factory. Contact Dermatitis Newslett 1974;16:478 – 480.

[22] Fregert S, Orsmark K: Allergic contact dermatitis due to epoxy resin in textile labels. Contact Dermatitis 1984;11:131 – 132.

[23] Hatch KL, Maibach HI: Textile chemical finish dermatitis. Contact Dermatitis 1986;14:1 – 13.

[24] Romaguera C, Grimalt F, Lecha M: Occupational purpuric textile dermatitis from formaldehyde resins. Contact Dermatitis 1981 ;7:152 – 153.

[25] Savage J: Chloracetamide in nylon spin finish. Contact Dermatitis 1978; 4:179.

[26] Andersen KE, Maibach HI: Multiple application delayed – onset contact urticaria: Possible relation to certain unusual formalin and textile reactions? Contact Dermatitis 1984; 10:227 – 234.

[27] DeGroot AC, Gerkens F: Contact urticaria from a chemical textile finish. Contact Dermatitis 1989;20:63 – 64.

[28] Von Preyss JA: Imperon P – Allergic bei neuartigen Textildruckverfahren. Berufsdermatosen 1961;9:311 – 316.

[29] Hartung J: Phenyl – Quecksilberacetat und Phenyl – Quecksilberoleat in Textilien. Berufsdermatosen 1965;13:116 – 118.

[30] Herve – Bazin B, Foussereau J, Cavelier C: L'eczéma allergique au support de

pigments textiles. Berufsdermatosen 1977;25:113 – 117.

[31] Foussereau J: Clothing; in Rycroft RJG, Menné T, Frosch PJ, Benezra C (eds): Clothing. Berlin, Springer, 1992, pp 503 – 514.

[32] Fowler JF, Skinner SM, Belsito DV: Allergic contact dermatitis from formaldehyde resins in permanent press clothing: An underdiagnosed cause of generalized dermatitis. J Am Acad Dermatol 1992;27:962 – 968.

[33] Storrs FJ: Dermatitis from clothing and shoes; in Fisher AA (ed): Dermatitis from Clothing and Shoes. Philadelphia, Lea & Febiger, 1986, pp 283 – 337.

[34] Dooms – Goossens A: Dimethylthiourea, an unexpected hazard for textile workers. Contact Dermatitis 1979;5:367 – 370.

[35] Elsner P: Allergische und irritative Textildermatitis. Schweiz Med Wochenschr 1994;124:111 – 118.

[36] Dooms – Goossens A: Textile dye dermatitis. Contact Dermatitis 1992;27: 321 – 323.

[37] Matura M, Poesen N, de Moor A, Kerre S, Dooms – Goossens A: Glycidyl methacrylate and ethoxyethyl acrylate: New allergens in emulsions used to impregnate paper and textile materials. Contact Dermatitis 1995;33:123 – 124.

[38] Kiec – Swierczynska M: Occupational allergic contact dermatitis due to acrylates in Lodz. Contact Dermatitis 1996;34:419 – 422.

[39] Farli M: Epidemiologie, clinica e prevenzione della dermatite allergica da contatto, professionale e extraprofessionale, da tessuti. Ann ItaI Dermatol Clin Sper 1991; 45:141 – 146.

[40] Kawai K, Nakagawa M, Sasaki Y, Kawai K: Occupational contact dermatitis from Kathon® 930. Contact Dermatitis 1993;28:117 – 118.

[41] Podmore P: Occupational allergic contact dermatitis from both 2 – bromo – 2 – nitropane – 1,3 – diol and methylisothiazolinone plus methylisothiazolinone in spin finish. Contact Dermatitis 2000;43:45.

[42] Batta K, McVittie S, Foulds IS: Occupational allergic contact dermatitis from N,N – methylene – bis – 5 – methyl – oxazolidine in an nylon spin finish. Contact Dermatitis 2000;43:45.

[43] Grimalt F, Romaguera C: Cutaneous sensitivity to benzidine. Dermatosen 1981;29:95 -97.

[44]Estlander T,Kanerva L,Jolanki R:Occupational allergic dermatoses from textile,leather and fur dyes. Am J Contact Dermatitis 1990; 1:13 -20.

[45]Hatch KL,Maibach HI:Textile dye dermatitis. J Am Acad Dermatol 1995;32: 631 -639.

[46]Manzini BM,Motolese A,Conti A,Ferdani G,Seidenari S:Sensitization to reactive textile dyes in patients with contact dermatitis. Contact Dermatitis 1996;34:172 -175.

[47]Thoren K, Meding B, Nordlinder R, Belin L: Contact dermatitis and asthma from reactive dyes. Contact Dermatitis 1986;15:186 -193.

[48]Estlander T:Allergic dermatoses and respiratory diseases from reactive dyes. Contact Dermatitis 1988;18:290 -297.

[49]Fujimoto K,Hashimoto S,Kozuka T,Tashiro M,Sano S:Occupational pigmented contact dermatitis from azo dyes. Contact Dermatitis 1985; 12:15 -17.

[50] Kozuka T, Tashiro M, Sano S, et al: Pigmented contact dermatitis from azo dyes. Contact Dermatitis 1980;6:330 -336.

[51]Mayer RL:Über Ekzeme bei der Eisrotfärberei. Arch Gewerbepathol Gewerbehyg 1930;1:408 -414.

[52] Rajka G,Vincze E:Durch Textilfarbstoffe verursachte Dermatosen. Berufsdermatosen 1956;4:169 -174.

[53]Ringenbach M:Allergies dans l' industrie textile:4 cas d' hypersensibilité aux colorants (observes en entprise). Arch Mal Prof 1985;46:219 -221.

[54]Sadhra S,Duhra P,Foulds IS:Occupational dermatitis from Synacril Red 3b liquid (CI Basic Red 22). Contact Dermatitis 1989;21:316 -320.

[55] Schmunes E:Purpuric allergic contact dermatitis from *p* -phenylenediamine. Contact Dermatitis 1978;4:224 -229.

[56]Silberman DE,Sorell AH:Allergy in fur workers with special reference to *p* -phenylenediamine. J Allergy 1959;30:11.

[57]Van der Veen JPW,Neering H,de Hahn P,Bruynzeel DP:Pigmented purpuric clothing dermatitis due to Disperse Blue 85. Contact Dermatitis 1988;19:222 -223.

[58] Brown R: Allergy to dyes in permanent – press bed linen. Contact Dermatitis 1990;22:303 – 304.

[59] Nilsson R, Nordlinder R, Wass U, Meding B, Belin L: Asthma, rhinitis and dermatitis in workers exposed to reactive dyes. Br J Ind Med 1993;50:65 – 70.

[60] Carretero Anibarro P, Gomez Brenosa B, Echechipia Madoz S, Garcia Figueroa BE, Aldunate Muruzubal MT, Lizaso Bacaicoa MT, Labarta Sanchez N, Tabar Purroy AI: Occupational airborne allergic contact dermatitis from disperse dyes. Contact Dermatitis 2000;42:44.

[61] Ancona – Alayón A, Escobar – Márques R, Conzáles – Mendoza A, Bernal – Tapia JA, Macotela – Ruiz E, Jurado – Mendoza J: Occupational pigmented contact dermatitis from Naphthol AS. Contact Dermatitis 1976;2:129 – 134.

[62] Kiec – Swierczynska M: Occupational contact dermatitis in the workers employed in production of Texas textiles. Dermatosen 1982:41 – 43.

[63] Hausen BM: Berufsbedingte Farbstoff – Allergie auf Dispersions – orange 3. Akt Derm 1988;14:290 – 293.

[64] Maurer S, Seubert A, Seubert S, Fuchs T: Kontaktallergien auf Textilien. Dermatosen 1995;43:63 – 68.

[65] Seidenari S, Mantovani L, Manzini BM, Pignatti M: Cross – sensitizations between azo dyes and *para* – amino compound. Contact Dermatitis 1997;36:91 – 96.

[66] Hatch KL, Maibach HI: Textile fiber dermatitis. Contact Dermatitis 1985;12:1 – 11.

[67] Schubert HJ: Airborne nickel dermatitis. Contact Dermatitis 2000;42:118.

[68] Frahne D: Schadstoffgeprüfte Textilien – was ist Sache? Textilveredlung 1995;30:104 – 112.

10 纺织品中洗涤剂引发的刺激性皮炎

W. Matthies

德国杜塞尔多夫，汉高集团

一般的流行病学经验告诉我们，由于接触洗过的衣服引起的刺激性反应是非常罕见的。每天有数十亿人穿着衣服，并没有任何不良反应。然而，在单个的案例中，可能会有人怀疑纺织品的生产加工过程、成衣和纤维的后处理或洗涤过程中洗涤剂的残留，有可能是导致皮炎的一个原因。

围绕表面活性剂和其他可能的洗涤剂成分的贡献，与皮肤发生这样相互作用的根源理论上应可通过下列机理之一加以解释。

(1)作为一种功能整理应用于纺织品的表面活性剂的直接影响：如果在制造和/或后处理过程中考虑进行额外的纤维处理，可能会出现这种情况。它们含有表面活性剂或相关成分，吸附在纤维上充当涂层剂，这些物质可能作为使用过程中刺激性表面活性剂的释放源。另一个来源可能是防污、抗菌或抗真菌用洗涤剂中的抗菌成分。

(2)作为洗涤后残留的表面活性剂的直接影响：如果残留量足够高，足以超过急性或慢性接触特定成分的耐受阈值，则可能是这种情况。另外，这类物质应能引起刺激性反应。

(3)手洗过程中与纺织洗涤剂的直接接触：如果以高剂量的洗涤剂清洗纺织品，并增加机械摩擦和运动，使用温水甚至是热水，这可能是刺激性接触的一个来源。

(4)与多用途清洁剂的直接接触：如果在没有使用手套保护下去清洁表面或工具、仪器、家具，这也可能是刺激性接触的一个来源。这可能涉及浓缩产品的使用和/或溶剂的使用。

(5)来源于纺织品后处理的间接影响：这可能是使用后处理时的情况。纤维涂层会导致纤维的表面发生改性和电荷发生改变,这些变化可能导致水蒸气渗透性的改变,从而改变服装的微气候环境,最终改变皮肤的水合状态。

(6)无法用洗涤剂除去赃物的间接影响:在这个理论背景下,很明显,临床出现的任何皮肤反应都需要从各个方面进行研究,才能得出准确的结论。

10.1 流行病学

在实际生活中,这种“纺织品皮炎”或“因接触洗涤剂而引起的皮炎”的诊断往往归因于皮肤状况的突然改变和(或)没有进行任何进一步的调查就更换了洗涤剂品牌。这导致了通常情况下,洗涤剂被认为是很高比例的皮肤病的潜在来源。1990 年的一项研究[1]报道称,406 名门诊病人中有 47% 的人认为洗涤剂通常对他们的皮肤是有害的。另外,在这项研究中,各分组人群之间的数据有很大的差异,例如,在公务人员中 59% 的人认同这一观点,而退休人员中仅有 26% 的人同意。有趣的是,大约 20% 的受访者把皮肤肿瘤的发生也归因于洗涤剂的使用。关于使用者人群和医生人群意见的其他调查问卷显示,这两组中把洗涤剂看作是皮肤反应来源的比例相等,大约都是 20%,但皮肤敏感人群达到 45%。这显然超过了化妆品和盥洗用品的估计影响百分比(它们分别是 15.9%,16% 和 31%)[2]。

每年,洗涤剂的使用量达到几十万吨。据估计,1998 年德国家用洗涤产品的数量约为 60 万吨[3]。以此推算,洗涤衣物的数量高达数十亿件。与此相比,由于皮肤刺激性投诉,并进而涉及洗涤剂厂商的每年仅约 10 例。在这些案例中,绝大多数的情况是不明确的或者明显与清洗剂无关,并没有发现经证实的(接触)过敏反应。专业洗衣领域有一些证据表明:投诉的主要焦点是在医院,主要来自手术室与职业服装不匹配的抱怨。德国专业洗衣店协会的年度报告表明,每年有 30 ~ 50 宗个案须予复核。在过去 85% 的情况下,可以排除洗涤程序的偏差和不安全的清洗结果。对纺织品的抽样检测表明:残留物在所建议的优良质量范围内[5]。

令人惊讶的是,像家用清洁剂、表面清洁剂、厕所清洁剂和特殊产品这样的洗涤剂产品很少被报道是与皮肤不相容问题的来源,因为它们中的许多都可能经常接触到皮肤。另外,由于大多数清洁产品包含了与化妆品、专用清洁剂等相同或相似的成分,因此,很难把对皮肤的影响归因于某一个试剂。唯一的提示可能是局部化,一般认为家用洗涤剂会引发手部湿疹。

一项来自 IVDK(德国皮肤病临床资讯,哥廷根)的实际调查数据,收集和分析了来自 25 个过敏科室的数据,以寻找特定风险集群的线索。通过对 1996 年 1 月 1 日至 1999 年 12 月 31 日的 39,903 例患者的数据进行分析,以确定暴露于(家用)"清洁剂"或"肥皂"与相关产品之间的特定相关性。根据德国的数据(数据未显示),没有特定成分簇对使用者或者引起过敏性接触湿疹至关重要。

1993 年,丹麦国家职业健康研究所公布了一份可能作为过敏原的工业和家庭清洁产品成分清单,可能对过敏反应或刺激性很重要的一些成分既存在于家用清洁剂中,也存在于洗发液或皮肤清洁剂中,如防腐剂。因此,在没有任何进一步的个人监测数据的情况下,似乎不可能将对皮肤的影响归因于一种成分。特别是当经常更换配方和使用的产品时,情况尤其如此。

10.2 洗涤剂和纤维处理产品

对纤维和纺织成品进行后整理加工处理是服装制造过程中的一道常见工序。纺丝助剂和纤维处理可能含有脂肪成分、肥皂和疏水性物质,后整理剂则可能含有抗静电和防潮成分、甲醛或甲醛前体以及其他抗菌剂和着色剂。总体而言,这些物质的数量非常大,例如,不含染料的纺织助剂目录就涉及了 6,972 个配方和大约 600 种成分。此外,目前使用的染料的数量大约有 800 种物质[7]。关于由洗涤剂以外的其他来源化学物质引起的在纺织化学整理皮炎方面的综述,概括了大量的可能引起刺激的各种物质[8]。

由于表面活性剂是纤维中的一类重要物质,通常以可检测到的含量存在,因此,在一项研究中,对从市场上抽取的儿童棉质衬衫进行了表面活性剂含量的测定。对未洗涤和未使用过的衬衫进行了肥皂和非离子表面活性剂分析,发现(每千克纺织品中)肥皂的含量是 1,400mg/kg,非离子表面活性剂是 500mg/kg;而第一次用家用洗涤剂洗涤后,肥皂的含量降至 900mg/kg,而非离子表面活性剂的含量为 800mg/kg;经过 25 次洗涤后,这两个数字分别为 1,300mg/kg 和 500mg/kg。这些数据表明,即使是来自市场的新的和未经处理的纺织品,也可能含有表面活性剂(除了其他材料),其含量类似或者超过了由于经常用洗涤剂清洗而发现的表面活性剂的含量[9]。

在同一项研究中，德国克雷菲尔德（Krefeld）WFK 研究所的两类测试纺织品被作为未经处理的标准：第一种是纯棉标样，它含有 90mg/kg 的阴离子表面活性剂、340mg/kg 的肥皂和 170mg/kg 的非离子表面活性剂；第二种是涤纶标样，它含有 10mg/kg 的阴离子表面活性剂，40mg/kg 的肥皂和 40mg/kg 的非离子表面活性剂。在经过家用洗涤剂 25 次洗涤后，相应的数值增加如下：棉织物，1，050mg/kg 阴离子表面活性剂、1，340mg/kg 肥皂、670mg/kg 非离子表面活性剂；聚酯，100mg/kg 阴离子表面活性剂、110mg/kg 肥皂、110mg/kg 非离子表面活性剂。

就纯棉织物而言，这些数值与上述儿童衬衫研究中所测得的量非常吻合；另外，即使经过重复洗涤，聚酯吸附的表面活性剂也要少得多。

人体与这些相同材料的两项相容性研究结果如下：具有脂溢性或脂溶性皮肤类型的 40 名志愿者接受了这两种纺织品（棉与涤纶）的试验，每个人都会得到新的试验布样和经过 25 次水洗后的试验布样，洗涤过程中使用了四种不同类型的洗涤剂（含和不含磷酸盐的通用洗涤剂、彩色纺织品用洗涤剂和液体洗涤剂）。所有试验布样都用两种不同类型的家用洗衣机洗涤，试验布样封闭接触持续 48h。

在任何受试者身上均未发现对皮肤有影响。此外，30 名 7 个月至 6 岁的婴儿和儿童也穿着按照上述程序洗涤 25 次的衬衣。在这个使用测试中，既没有任何刺激性的迹象，也没有过敏反应[9]。

这些数据表明，纤维中洗涤剂的残留量主要取决于纤维种类。棉花可以比合成纤维结合和含有多得多的表面活性剂。纤维的生产处理过程使得表面活性剂的含量已达到较高水平。特殊的处理甚至可能导致比上述研究中测得的更高的含量。虽然不论是在成人干性或油性皮肤的高强度接触试验中，还是在儿童的皮肤试验中都未出现任何刺激性反应，但也不能排除其他成分或更高残留量对皮肤的刺激性。

10.3 后整理带来的接触

在家庭中，后处理主要是为了软化纤维和织物的表面。因此，与没有添加柔软剂的洗涤和干燥相比,经过这种表面改性的衣服往往更加光滑舒适,这对患有特应性干性皮肤的人可能特别有益,因为他们被认为更容易对纤维,尤其是羊毛的机械刺激产生反应[10-13]。

一项对患有特应性湿疹、银屑病或皮肤健康的志愿者的研究中发现:患有特应性湿疹的人对粗纤维制成的衬衫比用柔软材料制成的衬衫更敏感。这与织物的基材种类无关,无论棉花或者聚酯。由此可以得出结论:在皮肤舒适性方面,织物的粗糙度差异要比合成纤维和天然纤维之间的差异更为重要[14]。

采用后整理工艺改善纺织品的性能已有相当长一段时间了。在20世纪60年代和70年代,阳离子表面活性剂在使用中占主导地位,如双十八烷基季铵盐[15]。研究者们利用尿布对新生儿、婴儿和幼儿进行了皮肤相容性的研究,这些尿布使用标准化的通用型洗涤剂进行清洗,实验分为两组:一组经过柔软剂后整理,另一组未经过后整理,在这组娇嫩的皮肤中并没有因为使用柔软剂而出现刺激反应或过敏现象[16]。最近开发的柔软剂包括季铵衍生物、二烷基二甲基季铵盐或类似物质(二烷基咪唑啉、酯类等)的混合物[17],已有多项关于柔软剂配方和柔软后整理织物安全性评估的研究报道[18]。

在用2%~30%的柔软剂水稀释液进行的人体重复损伤斑贴试验(Stotts描述了具体方法[19])中,未发现过敏反应的迹象。在接触性刺激试验中,每次2h或者4h使用未被稀释的柔软剂,也只引起了非常轻微的反应。

对37名志愿者进行了液体柔软剂整理织物的累积刺激性试验,使用经商业洗涤剂洗净,并用不同的柔软剂进行过后处理的织物,在21天内进行15次斑贴试验,对照组织物洗涤后没有经过任何的柔软剂处理,所得结果显示:在对照组和试验组之间并没有差异。

5个家庭使用试验在柔软剂使用组和非使用组中进行。这些研究中有4项是将家庭的所有洗衣工作都包括在内的使用研究,一项研究是关于T恤衫的穿着研究,所有参加者必须1天24h都穿着T恤衫,而且每天都是如此。这些研究显示,除T恤衫研究外,在所有的研究中,无论是婴儿皮肤还是成人皮肤都没有出现过敏性和刺激性反应。在T恤衫研究中,平均皮肤刺激性评分表示为:躯干轻度干燥、轻度局部红斑。然而,这些影响并不是由柔软剂配方所引起的,因为在使用没有经过柔软剂处理的衬衫的对照组中,同样观察到了这些影响。由此作者得出结论:假设T恤衫组中观察到的轻微刺激性源于织物本身和它长时间的连续穿着(即1天

24h,实验中每天如此)是合理的[18]。

关于抗菌纤维整理和后续皮肤刺激性(或过敏)的报告来自于美军的经历(见参考文献8)。在第二次世界大战期间,衣服经过杀菌剂和抗霉剂处理后,观察到了较高的皮炎发病率,然而病因从未被确定。尽管如此,这个例子指出了抗细菌或抗真菌整理的潜在危险,在实际案件中必须记住这一点。

10.4 洗涤后纺织品上的洗涤剂和残留物

纺织品洗涤剂通常含有以下几种成分:阴离子表面活性剂、非离子表面活性剂、肥皂、沸石或类似的助洗剂、酶、荧光增白剂和防腐剂(在液体产品中),特别是那些具有较高助洗剂含量的产品将呈现出碱性的洗涤环境,其 pH 为 9~9.5。用于羊毛处理的温和产品可能含有甜菜碱型特殊两性温和表面活性剂,在其他的家用洗涤剂中这种情况并不常见。

在专业洗衣房中,最后一次冲洗水里的 pH 将用酸调整到中性或微酸性。然而,pH 的调整似乎对与皮肤的相容性并不太重要,因为有实验数据表明,皮肤能容易地缓冲在 pH =4.6~10.1 范围内的酸碱性波动。

当接触量达到一定阈值时,前面提到的一些成分(即表面活性剂和肥皂)的皮肤刺激性已有报道:表面活性剂的刺激性是一种常见现象。皮肤对阴离子表面活性剂、非离子表面活性剂和阳离子表面活性剂的吸附作用已有研究和报道,在(24或48h)封闭斑贴试验中,普遍公认的引发刺激作用的浓度在0.1%或以上范围,这意味着在皮肤表面绑定测试样品是完全可以的。以 mg/kg 为单位表示,这相当于在完全封闭情况下引起刺激反应的浓度阈值是1000mg/kg。与纺织品上残留物情况相比较,在斑贴过敏试验人工环境中的非刺激性结果,应表明具有高度的安全性。

十二烷基硫酸钠(SDS)是一种非常常见的阴离子表面活性剂,已有很多的刺激性实验结果报道。在一项提高十二烷基硫酸盐浓度,对20名健康志愿者进行的24h 斑贴过敏试验中,测定的刺激性反应的浓度阈值为0.25%[21]。

在用四种不同的阴离子表面活性剂(SDS、直链烷基苯磺酸盐、α-烯烃磺酸盐和十二烷基聚氧乙烯醚硫酸钠)进行的另一项研究中,以0.25g/100mL

的浓度进行封闭的斑贴过敏性试验，研究这些物质的皮肤刺激性，接触48h后，分别有8/29的测试者对十二烷基硫酸盐有反应，2/29对直链烷基苯磺酸盐有反应，12/29对α-烯烃磺酸盐有反应，8/29对十二烷基聚氧乙烯醚硫酸盐有反应。这表明不同类型的表面活性剂在诱发刺激性方面存在显著差异。

与这种封闭接触不同，这些相同类型表面活性剂的比较研究在人体开放式的应用模式下进行。为了研究它们在人类角蛋白上的吸附作用，将1%浓度的四种不同阴离子表面活性剂水溶液在28℃和37℃下分别涂抹于前臂上，连续几天重复涂抹最多四次，直到出现了第一次可识别的粗糙。第1天，5/36的测试者对SDS出现了即时反应，1/12的测试者对直链烷基苯磺酸盐出现了反应，而α-烯烃磺酸盐和十二烷基聚氧乙烯醚硫酸盐则不是这样。四天后，SDS和直链烷基苯磺酸盐引起的平均皮肤粗糙度显著高于α-烯烃磺酸盐和十二烷基聚氧乙烯醚硫酸钠[22]。

由此得出的结论是：表面活性剂引起皮肤粗糙的效力会随表面活性剂种类的不同而不同。然而，引起刺激的潜力与引起粗糙的潜力之间并没有明显的相关性（未显示数据）。结果表明，开放冲洗后观察到的效果（主要是无刺激的皮肤粗糙）可能与表面脂的去除、吸湿性物质的流失和表面活性剂的吸附有关，而巯基（—SH）的释放和蛋白质变性这样更强烈的效果则需要过度的接触（如封闭斑贴试验）[22]。

这些数据表明，基本上表面活性剂的量在斑贴过敏试验中为2,500mg/kg，在开放接触情况下为10,000mg/kg时，可能会引起一些受试者的皮肤刺激或皮肤粗糙。然而，是否发生影响很大程度上取决于表面活性剂的种类和接触方式，当然也取决于个体差异性。

为了调查代表性的家用洗涤剂洗涤后表面活性剂的平均残留量，进行了以下研究[4]：从市场上购买了三种家用洗涤剂（普通洗涤粉，浓缩和超浓缩洗涤剂），每种产品都被用于家用洗衣机清洗三种不同的棉织物：薄型纯棉床单、T恤衫和汗衫（厚型）。经过15次和25次洗涤后，对棉织物上的表面活性剂含量进行了分析，得到的阴离子表面活性剂含量如表10-1所示（数值四舍五入至50mg/kg）：

表 10-1　三种家用洗涤剂洗涤后纺织品上阴离子型表面活性剂的残留量(mg/kg)

洗涤剂种类	棉床单	T恤衫	汗衫
普通洗衣粉	500~750	650~750	800~850
浓缩洗涤剂	650~750	500~600	700
超浓缩洗涤剂	500~600	500~600	850~950

这表明表面活性剂的吸附量主要取决于棉织物的类型,而与所用洗涤剂的种类关系不大。由于最初阴离子表面活性剂的量分别是12,200mg/kg和<25mg/kg,因此很明显:在15次和25次洗涤后,每种类型的纺织品都表现出了各自吸附表面活性剂的稳态值。这意味着,即使洗液中表面活性剂的浓度相同,也会因为不同的结合容量导致吸附的表面活性剂量不同。

非离子表面活性剂的结果如表10-2所示(数值四舍五入至50mg/kg):

表 10-2　三种家用洗涤剂洗涤后纺织品上非离子型表面活性剂的残留量(mg/kg)

洗涤剂种类	棉床单	T恤衫	汗衫
普通洗衣粉	100~200	300~350	400~450
浓缩洗涤剂	150	250	400
超浓缩洗涤剂	150~200	200~250	350~400

在这种情形中,开始时非离子表面活性剂的含量分别为100mg/kg、250mg/kg和9,300mg/kg。这些值表明,洗涤前,在纺织品上有一定的纤维整理剂残留物存在,特别是汗衫上9,300mg/kg的极高含量超过了稳态值,它在经过25次洗涤后减少到了大约400mg/kg。这也再次表明,与表面活性剂的结合具有一定的材料特异性。有关有机和无机灰分含量和更多详细信息参见Matthies[23]。最后人们应该考虑到,纺织品上的残留物主要不会在皮肤上找到,它们大多会粘在纤维上,除非它们被苛刻地提取出来(例如采用DIN-ISO方法)。

专业洗衣房对一个洗涤周期中所使用表面活性剂的用量进行了严格的限制和控制,这有助于单位时间内洗涤质量的监督。从20世纪90年代初以来的研究表明,使用大多数程序完成洗涤的职业服装中阴离子表面活性剂残留量都低于200mg/kg。因此,德国洗衣协会规定,好质量包括根据DIN方法提取后测量的阴离子表面活性剂残留量小于200mg/kg。

对市场产品的后续研究表明,在洗涤后纺织品上通常发现的阴离子表面活性剂含量在 10～200mg/kg，而非离子表面活性剂含量可能达到几百毫克/千克，这很大程度上取决于纤维的类型（棉花 > 棉花/聚乙烯 > 聚乙烯）。目前作为指导要求，专业洗衣房洗涤后产品中阴离子表面活性剂的残留量不得超过 200mg/kg。考虑到与纤维结合的物质中只有一部分能与皮肤表面结合，因此，由纤维上残留的表面活性剂引起刺激反应是极不可能发生的。对于其他成分的阈值也作了类似的计算，它们可能在诱发过敏反应中起作用。

10.5 通过洗手直接接触洗涤剂

通过洗涤剂使用造成非故意的，但切实相关的皮肤损伤，可能是由于使用了重渍洗涤产品（特别是浓缩产品）洗手造成的。使用这种方法，产品往往过量，表面活性剂量可能达到刺激水平，加上机械应力和强烈的水合作用，皮肤的屏障功能可能会变弱，继而受到损害。基本上通用型洗涤剂当被作为重复使用的洗手剂时，都会具有刺激性，这是由于它们的强碱性和所含的漂白剂、表面活性剂或肥皂，而在洗涤过程中具有活性，能帮助消化脂肪、蛋白质和纤维素的酶的含量，似乎在刺激性方面起次要作用。然而实验数据显示正相反：即使在特应性皮炎患者中，添加酶也不会导致与安慰剂相比的症状加剧。由此得出结论：酶的富集对正常皮肤不可能产生影响[26]。因此，主要的致病因素可能是在皮肤表面上的乳化过程。这种接触被认为是手部湿疹的一个相关因素，因为这类产品的使用分布可达到欧洲 10% 的家庭（根据市场数据估计，非公开数据）。另一种可能对手部湿疹有特别影响的接触方式是用精纺羊毛清洁剂或洗涤剂进行洗手，这些产品类似于洗发香波或洗碗剂，它们与皮肤的相互作用已得到了很好的研究。

10.6 使用工业和家用清洁剂的直接接触

与在洗衣房与洗涤剂的这些非故意接触相比，家庭和个人日常使用清洁剂带来的有意识的皮肤接触频率和强度要高得多，这一点在诊断刺激性皮肤反应时必须加以考虑。

现代的洗碗剂产品分为三类:常规洗碗剂、浓缩洗碗剂和常用的温和洗碗剂。手用洗碗剂通常以阴离子表面活性剂为基础,非离子表面活性剂作为辅助表面活性剂和其他一些添加剂成分(如:<2%蛋白质、聚合物、<1%香料、<0.1%防腐剂、色素),表面活性剂的总量在10%~40%之间[27]。

目前普遍使用的不同表面活性剂复配技术可显著减少皮肤刺激性[27-28],使现代的洗碗剂配方对皮肤生理屏障方面的影响非常温和:使用洗碗剂带来的皮肤水分损失并不比仅使用水多[29]。皮肤平衡最重要的损害可能更多的是由于频繁的和/或过度的使用水或过量的使用表面活性剂造成的,而不是因为(温和的)洗碗剂的常规使用。将洗碗剂应用于封闭的斑贴过敏试验中研究这种屏障损伤,重复使用稀释液在前臂进行开放性处理,或者为了诱导刺激,使用10%稀释液借助机械运动进行冲洗实验。即使使用这种极高的浓度进行最实际的接触处理(手臂清洗),也几乎没有发生什么刺激性反应[30]。在评估这些结果时,人们应该记住:与本实验中选择的浓度相比,这种洗涤剂使用的推荐浓度大约少50倍!

另外,以两组健康志愿者为研究对象,对两种洗涤剂进行重复的手和前臂浸泡实验,研究餐具洗涤用水温度的影响。两种洗涤剂以1%浓度的稀释液在两种温度(37℃和40℃)下进行实验,共进行4个周期、每个为期4天。在此实验过程中,被测试者的手或前臂在一个容器中与测试液保持接触30min。实验2周和4周后,采用经皮失水(TEWL)测量方法、肤色评估法和含水量测定方法来评估皮肤反应。实验结果表明:经皮失水量(TEWL)不仅随时间的增加而显著增加,更有趣的是它随温度的升高而增加得更为显著[31]。

工业或家用的通用型清洁剂被分为常规配方和浓缩配方两种[27],它们通常含有典型的成分:表面活性剂、促净剂、溶剂或增溶剂以及香料、色素和防腐剂等添加剂,有时还含有酸。通用型清洁剂的主要成分是表面活性剂,它们的配方类似于洗碗剂,活性物质的含量可从5%到20%不等,促净剂主要在1%~3%之间,溶剂含量可达6%。特殊产品成分变化很大:浴室和卫生间清洁剂通常含有高达9%的酸性成分,而表面活性剂的含量则减少了;窗户清洁剂可能几乎不含表面活性剂,但溶剂的比例很高(可高达20%)[27]。

评估与这种特殊产品的接触是非常困难的,因此,建议在这类产品的使用过程中应佩戴防护手套,避免与浓缩产品或稀释液的接触。在实践中,如果要求证明某一个产品的使用与发生皮肤反应之间的相关性,则必须以个体为基础对实际接触量进行评估或研究。关于这些产品在现实生活中的使用和相互作用的信息非常少。它们的使用浓度范围主要在0.5%～1%，以通用型清洁剂为例，可得出在稀释液中表面活性剂的计算浓度为0.05%～0.2%、促净剂为0.01%～0.03%、溶剂为0.06%。在急性刺激性研究中，这样的浓度通常是可耐受的，不会对皮肤造成任何的损害或功能损伤。

用于解决强粘着污垢的产品通常含有沙砾。它可能是像沙子一样的天然沙砾、硅粉或浮石粉、坚果壳和玉米芯，也可以是由聚乙烯、聚氨酯等合成的沙砾，所有这些材料的功能是利用机械作用改善清洁效率。然而，这种洗涤效率的提高可能会增加皮肤保护屏障破坏的风险。在一项含有天然和合成沙砾的不同配方的实验研究中，16名志愿者参加了18次手臂的清洗试验（前4天每天清洗4次，第5天清洗2次），对皮肤屏障功能进行无创测量。重复冲洗1周导致了经皮失水量（TEWL）的增加，皮肤发红，角质层水合作用减少。作者从该结果中得出结论：由于砂粒的类型、表面和浓度的不同，潜在的刺激性也不同[32]。本研究表明：除清洁剂通常的除脂和脱水活性外，在发生刺激性反应的原因中还必须考虑沙砾的特殊作用。

更多对皮肤生理机能的有害影响可能来自于溶剂，它们存在于重渍清洁剂或像地板抛光剂等特殊产品中，这类产品可能含有邻苯二甲酸酯、醇类、丙烯酸酯或十二烷基苯等成分。通常，当想要达到更有效的清洗效果时人们会使用纯溶剂，但由于这些物质并不属于严格意义上的洗涤剂，因此，不在这里进行详细的讨论，但它们也应该被认为是引起刺激性或过敏性湿疹的一个因素。

10.7 纺织品后整理的间接影响

纺织品的后处理通常会使经过处理的纤维表面发生改性，这可以直接导致纤维上电荷的改变，多数时候这是为了得到疏水性的表面。改性纤维的结果是改变了水蒸气的渗透性能，从而改变了衣服内的微气候环境，最后改变了皮肤表面的水合状态。通过这种纺织品的水分传输能力可能更高也可能更低，从而导致皮肤干燥或出汗。

在许多皮肤条件下，一定的微气候环境是保证皮肤舒适和健康所必需的，湿度的变化可能会导致在某些情况下的皮肤不适或像瘙痒这样的症状。此外,对温暖和寒冷的一般感觉可能会受到影响:这一知识迄今主要来自于经验性临床观察,并仍有待进一步的研究[33-36]。其他有关纤维处理的影响和皮肤生理机能的间接变化的信息来自于对尿布皮炎的研究。一项对婴儿的研究描述了与水洗尿布相比,柔软剂处理的尿布所具有的优势,经过处理的尿布不仅与皮肤具有较好的相容性,而且有减少皮肤反应的趋势。作者的结论是:为了减少尿布皮炎的发病率,用柔软剂处理用料粗糙的尿布[16]。可以假设,部分的积极作用可归因于皮肤表面上的湿度降低。

10.8 使用洗涤剂后未除去物质污染的间接影响

在纺织品被难以除去的物质或者经过不理想洗涤程序仍然固着的物质污染后,皮肤反应可能会发生。这种情况可能带有一些油性的和脂肪性的职业相关的物质、金属粉尘和碎片(例如:在金属处理中)。临床经验表明,由此产生的皮肤症状很广泛,范围涉及皮肤的油痤疮、毛囊炎、非特异性湿疹、红斑或机械性鳞屑病。在这些情况下,既要调查洗涤程序,也要调查受影响人的个人衣服情况。

10.9 结论

洗涤剂和纺织品之间的主要接触发生在家庭或专业洗衣房的衣服洗涤过程中,几乎没有证据表明通常的清洁过程可能会给消费者带来健康风险。纤维上残留的洗涤剂含量完全依赖于纺织品的类型。对残留物分析,特别是对表面活性剂残留的反复评价表明,棉花的吸附容量要显著高于合成纤维(如聚酯)。然而,即使是纺织样品上测量到的最高残留量也不能引起志愿者皮肤刺激,这一点对无论是开放式的还是完全封闭式的试验都是正确的。

有数据显示了与干燥和鳞屑有关的皮肤生理状态的轻微变化,这种反应被认为是与表面活性剂的反复接触及其吸附的轻微症状。不同类型的阴离子表面活性剂在刺激或诱导干燥方面表现出不同程度的效力,因此,即使是相同的类别和相同的数量，由于洗涤剂的化学性质差异，它们的生物响应也可能是不同的。

手部的皮肤刺激（家庭主妇的手部湿疹）可能涉及许多因素，其中一些也可能是洗涤剂。与典型的纺织品洗涤剂不同，表面清洁剂和用于窗户清洁或抛光的特殊产品可能含有更高刺激性的成分。然而，在家庭中接触这种产品的情况非常少，在职业工作中我们建议使用防护手套和额外的护肤品。因此，这种类型的产品所引起的任何影响可能是由于滥用或过量使用导致的，一个典型的例子就是使用通用型洗涤液洗手。

后处理和功能整理似乎是一个应该特别关注的领域。虽然典型的后处理如柔软整理被认为是有益的和安全的，而且即使在过敏性和儿童的皮肤上也是安全的，但抗细菌或抗真菌的功能整理在应激状态下使用时可能会引起问题。因此，新衣服在穿着前应仔细漂洗。非特定性的皮肤症状，如瘙痒、发红、毛囊炎等，可能与间接影响有关，这不仅意味着表面电荷的变化和对蒸发汗液的通透性的变化，也意味着由于职业原因或意外接触物质的污染。最后但并非最不重要，我们应该记住的是：简单的机械改变可能导致摩擦、张力和磨损，并伴随后续的皮肤症状。

总之，从纺织品和洗涤剂来进行皮炎诊断是一个复杂而有意义的过程。当然，有一些因素明显有助于改善皮肤状况，比如尿布或羊毛处理用的柔软剂，但洗涤剂的残留量通常应该足够低，以至于不会引起直接的皮肤反应。另外，如果微气候环境和水分蒸发恶化，纺织品表面的变化就可能导致穿着的不舒适。这将是未来一个令人感兴趣的和广阔的研究领域。

参考文献

[1] Fritsch P, Klein G: Wie schädlich sind Waschmittel für die Haut? Hautarzt 1990;41:517 – 518.

[2] Matthies W: Henkel KGaA, unpublished data, 1998.

[3] Industrieverband Körperpflege und Waschmittel e. V. (IKW). Yearly Report, Frankfurt 1998.

[4] Industrieverband Körperpflege und Waschmittel e. V. und Zentralverband der Elektro – und Elektronikindutrie e. V. (IKW/ZVEI). Report on the Safety of Household Detergents, Frankfurt 1999.

[5] Gütegemeinschaft sachgemässe Wäschepflege e. V. Wäscherei - Symposium Proceedings, Hohenstein 1999.

[6] Flyvholm MA: Contact allergens in registered cleaning agents for industrial and household use. Br J Ind Med 1993;50:1043 - 1050.

[7] Platzek Th: Gesundheitsgefährdung durch Bekleidungstextilien. BGB1 1997;7: 238 - 240.

[8] Hatch K, Maibach H: Textile chemical finish dermatitis. Contact Dermatitis 1986;14:1 - 13.

[9] Matthies W, Löhr A, and Ippen H: Bedeutung von Rückständen von Textilwaschmitteln aus dermato - toxikologischer Sicht. Dermatosen 1990;38:184 - 189.

[10] Hambly E, Levia L, Wilkinson D: Wool intolerance in atopic subjects. Contact Dermatitis 1978;4:240 - 241.

[11] Linde Y: Dry skin in atopic dermatitis. I. A clinical study. Acta Derm Venereol 1989;69:311 - 314.

[12] Diepgen T, Stabler A, Hornstein O: Textile intolerance in atopic eczema - A controlled clinical study. Z Hautkr 1990;65:907 - 910.

[13] Wahlgren C, Hagermark O, Bergstrom R: Patient's perception of itch induced by histamine, com - pound 48/80 and wool fibres in atopic dermatitis. Acta Derm Venereol 1991;71:488 - 494.

[14] Dicpgcn T, Salzer B, Tepe A, Hornstein O: A study on irritations caused by textiles under standardized sweating conditions in patients with atopic eczema. Melliand Textilberichte. International Textile Reports (German edition). 1995;76:1116 - 1120.

[15] Pavlik D: Hautverträglichkeit von Weichspülern. Ost Ärzteztg 1976;31: 1224 - 1225.

[16] Schneider W, Tronnier H, Schneider HJ, Schmitt G: Untersuchung über den Zusammenhang zwischen Wäscheweichspülmitteln und Windeldermatitis bei Säuglingen. Berufsdermatosen 1974;22:209 - 219.

[17] Motegi K, Futagi T, Kono C, Nonanu E, Shishido T: Clinical evaluation of diapers finished with commercial cloth softener preparations. Shonika Rhinsho 1974;27:649 - 654.

[18] Rodriguez C, Daskaleros P, Sauers I, Innis J, Laurie R, Tronnier H: Effects of

fabric softeners on the skin. Dermatosen 1994;42:58 - 61.

[19] Stotts J: Planning, conduct and interpretation of human predictive sensitization patch tests; in Drill VA, Lazar P (eds): Current Concepts in Cutaneous Toxicity. New York, Academic Press, 1980, pp 41 - 53.

[20] Matthies W: Einfluss des pH - Wertes auf die Hautverträglichkeit von Baumwolltextilien. Dermatosen 1993;41:97 - 100.

[21] Bruynzeel D, van Ketel W, Scheper R, von Blomberg - van der Flier B: Delayed time course of irritation by sodium lanryl sulfate: Observations on threshold reactions. Contact Dermatitis 1982;8:236 - 239.

[22] Imokawa G, Mishima Y: Cumulative effect of surfactants on cutaneous horny layers: Adsorption onto human keratin layers in vive. Contact Dermatitis 1979;5:357 - 366.

[23] Matthies W: Skin compatibility and washing process: Progress or regression? SÖFW J 1999;125:28 - 31.

[24] Matthies W, Krüchter HU: Hautreaktionen auf Berufskleidung: Welche Rolle spielt das Waschverfahren? Dermatosen 1993;41:137 - 144.

[25] Matthies W: Allergies by detergents and cleansing products. Tenside Surfactants Detergents 1997;34:450 - 454, 1998;35:1.

[26] Andersen P, Bindslev - Jensen C, Mosbech H, Zachariae H, Andersen K: Skin symptoms in patients with atopic dermatitis using enzyme - containing detergents. Acta Derm Venereol (Stockh) 1998;78:60 - 62.

[27] Andree H et al: Alkyl polyglycosides in hard surface cleaners and laundry detergents; in Hill, Rybinski, Stoll (eds): Alkyl Polyglycosides, Technology, Propcrtics and Applications. Weinheim, VCH Verlag, 1997, pp 104 - 110.

[28] Dillarstone A, Paye M: Antagonism in concentrated surlilctant systems. Contact Dermatitis 1993;28:198.

[29] Jackwerth B, Krächter HU, Matthies W: Dcrmatological test methods for optimising mild tenside preparations. Parfüm Kosmet 1993 ;74:134 - 141.

[30] Hannuksela A, Hannuksela M: Irritant effects of a detergent in wash, chamber and repeated open application test. Contact Dermatitis 1996;34:134 - 137.

[31] Clarys P, Manou I, Barel A: Influence of temperature on irritation in the hand/

forearm immersion test. Contact Dermatitis 1997;36:240 -243.

[32] Wigger - Alberti W, Fischer T, Greif C, Maddern P, Elsner P: Effects of various grit - containing cleansers on skin barrier function. Contact Dermatitis 1999;41:136 -140.

[33] Cremer H: Ausgesprochen reizend: Synthetikwäsche für Kinder. Med Tribune 1991 ;46:40.

[34] Reneau P, Bishop P, Ashley C: A comparison of physiological responses to two types of particle barrier, vapor - permeable clothing ensembles. Am Ind Hyg Assoc 1999;60:495 -501.

[35] Sher L: Effects of electrostatic potentials generated on the surface of the skin by wearing synthetic and semisynthetic fabrics on physical condition, mood and behavior: Role of acupuncture points. Med Hypotheses 2000;54:511 -512.

[36] Ha M, Tokura H, Yoden K, Holmer I: A comparison of skin temperature and clothing microclimate during moderate intermittent exercise in the cold between one and two layers of cotton and polypropylene underwear. Int J Occup Saf Ergon 1998;4:347 -362.

11 作为接触性过敏原的纺织染料

Kathryn L. Hatch

亚利桑那大学农业和生命科学学院农业和生物

系统工程系(美国亚利桑那州,图森)

人类皮肤与纺织染料的接触程度很高,因为人们每天穿着的服装都是有色的,如直接接触皮肤的服装(如内衣和袜子),另外,人们每天睡眠/休息时接触皮肤的床单和枕套以及洗澡后用来擦干皮肤的大多数浴巾也都是有色的。在下面的几种环境中工作的人们接触染料的可能性更高:染料生产厂;纤维、纱线、面料及服装的上染车间;连续装卸有色织物的车间。在数千种不同的染料中,有些是接触性过敏原,是能够引起人类皮肤疾病、应该避免敏感人群接触的化学物质。

从事研究的皮肤科医生已经帮助成千上万的人发现他们对其会产生接触性过敏的化合物。当纺织染料接触性过敏性皮炎(ACD)被怀疑的时候,其发现过程中不可或缺的要素是采用染料在纺织染料斑贴试验系列中对这些患者进行贴片测试。表11-1列出了三个不同系列的染料清单,所列染料大多为分散染料或活性染料,分散染料广泛用于染色全部或部分由涤纶组成的织物,而活性染料则常用于染色全部或部分由棉纤维制成的织物。活性染料只是最近才被列为斑贴过敏试验系列的一部分。因为聚酯纤维和棉纤维是所有纺织纤维中使用最多的,所以与分散染料和活性染料接触的概率也就特别高。

表11-1 三种商用斑贴过敏试验系列中所使用的染料

染料名称		Chemo 技术系列[1]	Trolab 系列[2]	FIRMA 系列[3]
分散染料	蓝1	—	是	—
	蓝3	是	是	是
	蓝35	是	—	—

续表

染料名称		Chemo 技术系列[1]	Trolab 系列[2]	FIRMA 系列[3]
分散染料	蓝 85	是	—	TBA
	蓝 106/357	—	—	—
	蓝 124	是	—	是
	蓝 153	是	—	TBA
	蓝混合 124/106	—	是	—
	橙 1	是	—	TBA
	橙 3	是	是	是
	红 1	是	是	是
	红 11	—	是	—
	红 17	是	是	是
	黄 1	—	—	—
	黄 3	是	是	是
	黄 9	是	是	是
	黄 39	—	—	—
	黄 54	—	—	—
	棕 1	是	是	—
	黑 1	—	—	是
活性染料	黑 5	是	—	TBA
	蓝 21	是	—	TBA
	蓝 238	是	—	TBA
	橙 107	是	—	TBA
	红 123	是	—	TBA
	红 238	是	—	TBA
	红 244	是	—	TBA
	紫 5	是	—	TBA
酸性染料	红 118	是	—	TBA
	红 359	是	—	TBA
	黄 36	—	是	—
	黄 61	是	—	TBA
	黑 48	—	—	是

续表

染料名称		Chemo 技术系列[1]	Trolab 系列[2]	FIRMA 系列[3]
碱性染料	红 46	是	—	TBA
	棕 1	是	—	是
直接染料	橙 34	是	—	TBA
其他	对氨基偶氮苯	—	是	是
	对氨基偶氮甲苯	—	是	是
	碱性棕（俾斯麦棕）R（维苏维纳）	—	是	是
	D&C 黄 喹啉 10	—	—	是
	萘酚 AS	—	是	

[1]这 8 种活性染料和酸性红 359 在凡士林中含量为 5%，其他染料含量为 1%。

[2]除碱性棕 R 含量为 0.5% 外，其他染料在凡士林中含量均为 1%。

[3]FIRMA 打算添加指定 TBA 的染料。

在欧洲，因为有一些纺织品上贴有"根据 Oeko – Tex 标准 100 对有害物质进行检测"的标签，所以消费者有时是可以依此来分辨哪些服装或织物不含可能导致皮肤或其他健康问题的物质。这个认证机构 Oeko – Tex 要求纺织品必须要进行染料含量和织物色牢度的测定，同时，还要求进行 pH、甲醛、可萃取重金属、农药和有机氯的测定，PVC 增塑剂、生物杀灭后整理剂和阻燃整理剂百分含量以及挥发性气体和异味的测定。在 Oeko – Tex 认证织物上不能出现的染料是分散蓝 1、3、7、26、35、102、106 和 124；分散黄 1、3、9、39 和 49；分散橙 1、3、37/76，以及分散红 1、11 和 17。此外，Oeko – Tex 要求干燥织物上的染料不能通过摩擦织物表面来去除，但它们确实允许一些染料从被水或酸性和碱性汗液浸湿的织物上发生转移。

本章的目的是：(1)尽可能多地总结有关染料作为接触性过敏原的公共领域数据；(2)讨论染料作为接触性过敏原的研究现状。读者可参阅下面有关纺织染料作为接触性过敏原的最近的综述，以获取本章中尚未涉及的详细内容。Azenha[1]，Frimat 和 Yeboue – Kouame[2]，Hatch 和 Maibach[3-7]，Lepoittevin 和 Le-Coz[8]，Pons – Guiraud[9] 以及 WS Akins[10] 国际。

11.1 按患者人口划分的流行率

疾病发生频率的两个衡量标准是流行率和发病率。流行率是指人口中已经存在的疾病数量,发病率是指某一特定人口在一定时期内发生的新增病例数,发病比率是指在一定时期内非患病者新增为患病者的人数除以人口中的人年数。纺织染料过敏性皮肤病的发病率和发病比率并不清楚,然而,有一些数据可以帮助我们确定纺织染料接触性过敏性皮炎(ACD)在欧洲人,特别是意大利人中的流行情况。

至少有12篇文章含有纺织染料流行情况的信息[11-22]。其中2篇[13,21]是关于纺织和服装从业人员的斑贴过敏性测试,其余10篇是关于无职业性接触染料人群的贴片测试。在这些文章中涉及19项不同的研究。Hatch和Maibach[5]将这19项研究按照接受贴片测试患者的群体类型进行了分组。第一组进行的10项研究中,患者在用标准系列的纺织染料进行贴片测试时患有原因不明的ACD;第二组进行的3项研究中,患者疑似患有纺织染料ACD;第三组进行的6项研究中,患者确认患有纺织染料ACD。他们以表格的形式详细描述了每一项流行率研究,以便能够比较每一项研究中的病人人数。在这些表格中给出了以下内容:进行贴片测试的时间和诊所的地点;使用的特定染料的名称;贴片测试程序的细节以及该研究人群的流行率。

流行率研究的相似性和差异性如下:(a)19项研究中有15项是在意大利诊所进行的;(b)除2项研究中患者为儿童外,其余均为成人;(c) 在每个研究人群中,湿疹患者的数量差异很大;(d) 大多数研究包括分散染料和非分散染料,但使用的分散染料远远多于非分散染料;(e) 在斑贴测试中使用的染料来源于市面上可用的斑贴测试系列或直接来自制造商;(f) 通常,用于贴片测试的染料即使是直接从制造商那里获得,也不会进行鉴定或纯度检查;(g) 斑贴试验程序各不相同,在如何将染料应用于皮肤和在什么时候进行读数方面都存在差异。

在研究中得出的流行率结果在(人口类型的)组间和组内常常是不同的。在第1组仅使用非分散染料进行贴片实验的研究中,流行率值变化最小,在0.0%~1.0%之间;在第1组使用分散染料或含部分非分散染料的研究中,流行率值在1.4%~5.8%之间;在第二组研究中,3项研究只有1项允许计算流行率,为17.2%;在第三组研究中,流行率范围在15.9% ~72.7%之间。

如预期的那样,最低的流行率存在于不知道 ACD 的患者人群中;而最高的流行率往往存在于由已知患有纺织染料 ACD 的患者组成的人群中。分散染料引起的流行趋势更大。

11.2 染料的斑贴实验结果

表11 -2 和表11 -3 记录了染料斑贴试验的结果,这些染料被应用于有疑似纺织染料 ACD 的斑贴试验患者或者应用于流行率研究的斑贴试验患者。表11 -2 逐个提供了至少有1 例患者出现斑贴试验阳性反应报道的32 种分散染料的数据;表11 -3 则提供了至少有1 例患者出现阳性反应报道的35 种非分散染料的数据。

表11 -2 分散染料记录

组别	染料名称	案例报道数据		流行率研究数据7					
		报道数目	病例数目	第Ⅰ组人群		第Ⅱ组人群		第Ⅲ组人群	
				阳性	比例	阳性	比例	阳性	比例
Ⅰ	黄3	23	140	1,1,1	0.8,0.7,0.5	1	0.6	24,4,4,5,1	24.0,17.4,6.5,3.4,1.4
	红1	20	106	67,6,5	1.1,1.0,0.5	2	1.3	14,29,7,1	60.9,29.0,4.8,1.4
	橙3	18	78	107,5,1	1.7,0.8,0.2	5	3.0	12,28,6,1,1	52.2,28.0,4.1,2.8,1.6
	蓝106	19	72	—	—	16	9.8	—	—
	蓝124	16	53	22,11,104	2.2,1.9,1.7	6	3.8	36,4,8,12,1	36.0,17.4,12.9,8.3,1.4
	蓝35	14	51	—	—	6	3.8	5,1,2,1	5.1,3.0,1.6,1.4
	蓝3	6	40	1	0.2	0	0.0	5,4,2	15.2,4.1,1.3
	黄9	7	33	—	—	2	1.3	11	11.2

续表

组别	染料名称	案例报道数据		流行率研究数据7					
		报道数目	病例数目	第Ⅰ组人群		第Ⅱ组人群		第Ⅲ组人群	
				阳性	比例	阳性	比例	阳性	比例
Ⅰ	黑1	8	28	—	—	—	—	12,3,2	12.2,9.1,3.2
	红17	13	24	—	—	5	3.1	20,3,3,1	20.4,9.1,2.1,1.6
	橙1	7	24	—	—	5	3.1	—	—
	橙76	5	14	—	—	—	—	12,11,2,3	36.4,11.2,3.2,2.1
	棕1	6	12	—	—	4	2.5	—	—
	橙13	4	7	—	—	2	1.3	—	—
	蓝85	6	15	—	—	1	0.6	—	—
Ⅱ	蓝7	3	23	—	—	—	—	—	—
	红11	2	22	—	—	—	—	—	—
	黄39	3	22	—	—	—	—	—	—
	蓝1	3	19	—	—	—	—	—	—
	黑2	3	8	—	—	—	—	—	—
	蓝153	2	2	—	—	3	1.9	—	—
Ⅲ	红15	1	15	—	—	—	—	—	—
	黄1	1	15	—	—	—	—	—	—
	黄49	1	15	—	—	—	—	—	—
	黄54	1	2	—	—	—	—	2,3,1	6.1,3,1,1.6
Ⅳ	红19	1	1	—	—	—	—	—	—
	红137	1	1	—	—	—	—	—	—
	红153	1	1	—	—	—	—	—	—
	黄4	1	1	—	—	—	—	—	—
	黄64	1	1	—	—	—	—	—	—
	蓝26	1	1	—	—	—	—	—	—
	蓝102	1	1	—	—	—	—	—	—

表 11 - 3 非分散染料数据

组别	染料名称	案例报道数据		流行率研究数据		
		文章数目	患者数目	人群类型	阳性结果	比例
>10 阳性	直接黑 38	1	22	—	—	—
	酸性黑 48 *	4	7	Ⅰ	1	0.2
				Ⅲ	4,3,1	4.1,2.1,1.6
	颜料黄 16[1]	1	12	—	—	—
6 ~ 10 阳性	碱性黑 1	—	—	Ⅲ	9	9.2
	溶剂黄 1	1	9	—	—	—
	直接橙 34	—	—	Ⅰ	8	0.4
	酸性黄 61	—	—	Ⅰ	1,5	—
	活性紫 5	1	1	Ⅰ	5	0.3
2 ~ 5 阳性	碱性红 46 *	2	3	Ⅰ	1	0.2
				Ⅱ	1	0.6
				Ⅲ	1	2.8
	活性黑 5 *	2	3	Ⅰ	2	<0.1
	还原绿 1	1	5	—	—	—
	碱性棕 1 *	1	1	Ⅱ	1	0.6
				Ⅲ	2	1.4
	酸性红 359 *	—	—	Ⅰ	1,2	0.2,0.1
	活性橙 107 *	1	1	Ⅰ	2	<0.1
	活性蓝 122	—	—	Ⅰ	3	0.2
	酸性红 118 *	—	—	Ⅰ	1,1	0.2, <0.1
	酸性黄 36 *	2	1	—	—	—
	活性红 123 *	1	1	—	1	<0.1
	活性黄 17 *	1	1	Ⅰ	1	<0.1
	活性蓝 21 *	1	1	Ⅰ	1	<0.1
	活性蓝 238	—	—	Ⅰ	2	<0.1
	溶剂橙 8	1	2	—	—	—
	溶剂黄 14	1	2	—	—	—
1 阳性	酸性红 85	1	1	—	—	—
	酸性黄 23	1	1	—	—	—

续表

组别	染料名称	案例报道数据		流行率学研究数据		
		文章数目	患者数目	人群类型	阳性结果	比例
1 阳性	酸性紫 17	1	1	—	—	—
	碱性红 22	1	1	—	—	—
	活性黄 56	1	1	—	—	—
	活性蓝 74	1	1	—	—	—
	活性蓝 75	1	1	—	—	—
	活性蓝 225	1	1	—	—	—
	雷马素 DR 棕 RR	1	1	—	—	—
	活性红	—	—	I	1	<0.1
	活性红 244	—	—	I	1	<0.1
	活性翠蓝	—	—	I	1	<0.1

[1]洗衣过程中清洗下来的染料和所产生的分子是导致 ACD 的主要原因。

* 包括在 chemo-技术系列中的染料。

在标题为“案例报道”一栏中的数据来源是流行病学调查皮肤科医生从1950 年开始到 2000 年年中所撰写的 100 多篇文章。Hatch 和 Maibach[4,6]已经提供了从 1950 年到 1999 年年中所发表的所有参考文献的完整清单，因此在这里不再重复。案例报道信息的其他来源是 Guin 等人[23]、Lazarov 和 Cordoba[24]、Pecquet 等人[25]以及 Wu 等人[26]的相关研究。在标题为“文章数目”的子栏目下的数据对应着每一个特定染料，皮肤科医生报道至少有一位患者对该染料过敏的文章总数。标题为患者数目子栏目下的数据报告了所有病例中对特定染料过敏的病人的总数。

标题为“流行率”一栏的数据来源与上述 12 篇流行率研究文章相同[11-22]。阳性斑贴测试数据和流行率按患者类型显示，使用与前面所述相同的分组名称。流行率由高到低依次排列，阳性斑贴试验反应数据的顺序与流行数据顺序一致。有兴趣在逐项学习的基础上研究这一流行数据的读者请参阅 Hatch 和 Maibach 的文章[5]。

11.2.1 分散染料

32 种分散染料已被皮肤科医生确认为患者过敏性接触性皮炎的原因。在表

11－2 中，根据确认过敏原的信息量将分散染料分为四组，然后按照案例报道中所报告的阳性反应数量在组内排序。第 I 组包含有最多过敏性记录的染料，而第 IV 组包含有最少过敏性记录的染料。第 I 组有 15 种染料，它们报告的过敏性记录包括：(a)至少有两名皮肤科医生报告了数个斑贴试验阳性病例；(b)至少在一项流行病学研究中使用该染料并具有阳性实验结果。呈阳性斑贴试验数最大的染料是分散黄 3，有 140 次阳性结果；而阳性试验数最小的染料是分散橙 3 和分散蓝 124，分别具有 6 次阳性结果。

第 I 组 15 种染料中有 5 种被用于患有原因不明 ACD 患者(第 I 类型患者群体)的流行病学研究，12 种染料用于疑似纺织染料 ACD 患者(第 Ⅱ 类型患者群体)的流行病学研究，10 种染料用于纺织染料接触性皮炎患者(第 Ⅲ 类型患者群体)的流行病学研究。第 I 类型患者的流行率在 0.2%～2.2% 范围，第 Ⅱ 类型患者的流行率在 0.6%～9.8% 范围，而第 Ⅲ 类型患者的流行率在 1.3%～60.9% 之间。

第 Ⅱ 组有 6 种染料由数位皮肤科医生报告了阳性斑贴试验的记录，但没有这些染料的感染日期记录。案例报道中斑贴试验呈阳性的病例数在 19～23 之间的的有 4 种染料，1 种染料的病例数为 8，第 6 种染料仅 2 例。

第 Ⅲ 组有 4 种染料，其致敏性记录基于一名皮肤科医生报道的对同一染料的多个 ACD 病例。分散黄 54 作为该组中 4 个染料之一被用于已知纺织染料 ACD 患者的斑贴过敏性试验，其流行率范围为 3.1%～6.1%。

第 Ⅳ 组有 7 种分散染料，其致敏性记录只是基于一个报道的 ACD 病例，并且这些染料均未进行流行率研究。

11.2.2 非分散染料

35 种非分散染料已被皮肤科医生确认为 ACD 患者的过敏原。在表 11－3 中，这些染料已根据案例报道和流行率研究中阳性斑贴试验的数量进行了分类，并根据阳性斑贴试验的病例数量对染料进行分组排序。

在 35 种染料中，有 3 种染料被报道引起了 10 名或以上患者产生阳性反应；5 种染料引起了 6～10 人产生阳性反应；15 种染料引起了 2～5 人产生阳性反应；12 种染料仅有 1 例阳性斑贴患者报道，其中 9 例阳性反应发现于案例报道，3 例来自于流行率研究。

总的来说，有 20 种非分散染料已被用于流行率研究中，它们至少引起了一例阳性斑贴试验结果,而且患者群体以第Ⅰ类型为主,由原因不明的ACD患者组成。非分散染料的流行率远低于分散染料,第Ⅰ类型人群中最大非分散染料流行率为0.4%,由直接橙34染料获得;在第Ⅲ类型人群中碱性黑1的流行率最高,为9.2%。

11.3 动物实验结果

四种不同的动物实验——马格努松和克利格曼豚鼠最大化试验(GPMT)、Buehler试验、局部淋巴结试验(LLNA)和灵敏淋巴结试验(SLNA)被用于测定纺织染料的致敏能力[10,27-30]。前两种是豚鼠试验,后两种是小鼠试验。GPMT涉及真皮内的诱导阶段,而Buehler试验则包括潜在ACD物质的局部应用。在GPMT和Buehler试验中,化学物质的致敏潜力都是通过对皮肤受到攻击后引起的红斑和/或水肿的视觉评估来确定的。在LLNA和SLNA试验中,则是通过化学物质排出处淋巴结的增殖反应来评估。在评估有色化合物时,这种类型的评估使这些小鼠试验比GPMT和Buehler更可取,因为其评估不是基于已经被测试化合物染色的皮肤颜色的视觉变化来完成的。但是对于致敏性仅为弱到温和的物质来讲,目前小鼠试验并不像豚鼠试验那样可靠,而大多数的纺织染料都属于这个范畴。SLNA试验方法的改进工作仍在继续进行,因为人们认为该方法能够通过正确的试验方案,检测出弱致敏性有色化合物的接触性过敏反应。

纺织染料的测试结果如表11-4所示,共包括13种染料,其中6种染料使用了全部的4种试验方法,2种染料使用了3种不同测试方法,2种染料使用了2种不同试验方法,其余的3种染料仅用了1种测试方法。在有完整数据的6种染料中(四种试验中每种都使用了这些染料),只有分散蓝35和分散蓝106得到了一致性的阳性结果。

表11-4 动物试验结果

组别	染料	豚鼠实验		小鼠实验	
		GPMT[10,28-29]	比埃勒测试[10]	SLNA[29]	LLNA
完全	分散蓝35	64%~80%(+ve)[10]	95%(+ve)	(+ve)	(+ve)[10]
	分散蓝106	70%~80%(+ve)[10,28]	80%(+ve)	(+ve)	(+ve)[10]
	分散蓝124	20%(-ve)[10,28,27]	0%(-ve)	(-ve)	(+ve)[10]

续表

组别	染料	豚鼠实验		小鼠实验	
		GPMT[10,28-29]	比埃勒测试[10]	SLNA[29]	LLNA
完全	分散橙 3	50%(+ve)[10,28]	0%(-ve)	(+ve)	(-ve)[10]
	分散红 1	64%~80%(+ve)[10,28]	100%0%(+ve)	Equivocal	(-ve)[10]
	分散黄 3	60%(+ve)[10,28]	0%(-ve)	(+ve)	(-ve)[10]
不完全	分散橙 37	60%(+ve)[10]	100%(+ve)	NA	(-ve)[10]
	分散蓝 1	+[28]	NA	(+ve)	NA
	分散蓝 3	+ve[28]	NA	Neg	(-ve)[30]
	分散蓝 11	NA	NA	Neg	(-ve)[30]
	分散红 17	NA	NA	Neg	NA
	分散黄 54	NA	NA	+ve	NA
	分散蓝 7	NA	NA	Neg	NA

注 NA 为无数据;Neg 为阴性;+ve 为阳性;-ve 为阴性;Equivocal 为不确定。

11.4 QSAR 研究

QSAR,定量结构分析关系(Quantitative Structure Analysis Relationships),旨在根据化合物的化学(结构)和被皮肤吸收以及一旦被吸收后与皮肤蛋白质反应的潜力来预测该化合物的致敏性。采用计算机建模,Magee 等[31]为该方法提供了一个完美的解释。

Hatch 和 Magee[32]利用该方法对下面的问题开展研究:是什么引起了具有 ACD 致敏作用的蒽醌染料与细胞表面分子发生作用?他们知道原因不可能是在其他 ACD 致敏性化合物上存在的明确的蛋白质反应基团,因为它们在蒽醌染料中不存在。他们也知道原因不可能是母体化合物蒽醌,因为它不是过敏原。

在这项研究中,选择了 9 种化学配方已公开的蒽醌(AQ)染料,它们被报道从消费品中转移并引起了过敏性接触性皮炎,从而组成一个 ACD 蒽醌染料系列。然后选择 11 种从未发现接触性过敏记录的蒽醌染料组成一个非 ACD 蒽醌染料系列。我们需要通过三个步骤来回答前面的研究问题。

首先,利用计算生成热和反应热的计算机程序 AM1 来测定甲胺与蒽醌、芴酮、二苯甲酮以及甲醛的相对反应活性，这一步确定了赖氨酸不可能攻击蒽醌染料的羰基。甲胺与甲醛(一种过敏原)反应的估计反应热是强放热的，对其他三种化合物(非过敏原)的反应则是弱吸热的，而甲醛与蒽醌之间的能量差为18.23kcal/mol，因此该结果消除了蛋白质与蒽醌酮羰基官能团反应的任何可能性。

第二步是确定ACD蒽醌染料和非ACD蒽醌染料的羰基上正电荷的数量级是否存在差异，实际上在各组羰基碳上的正电荷在数量级上并无差异。第一步和第二步的结果强烈地暗示了通过反应中间体的电子机理。因此，下一步就是研究作为蛋白质反应重要途径的电子捕获。

在判别模型中，选取了4个传统的QSAR描述符来研究氢键效应、透皮传输效应和以蒽醌环为中心的非特异性电子效应。第二个系列的11个染料描述符是计算机模拟计算的，并遵循在蒽醌染料上不存在明显的蛋白质反应活性这样一个概念。这样的判别方法为二值回归分析法，其中ACD染料编码为1类，非ACD染料为0类，计算每个描述符的学生t值、解释方差(r^2)和Fisher统计量。

三个量子力学描述符在区分蒽醌染料过敏原与非过敏原特性方面具有重要的意义。归类为非过敏原的三种染料分散蓝56/2、56/3和14出现了异常值，前两种代表了一组异常值，在回归中保留一种或两种仅会造成5%～10%的错误分类，属于可接受范围。分散蓝14与分类均值的距离很大，对模型提出了挑战。

结果表明：蒽醌ACD染料最不可能具有亲电反应活性，通过电子转移或光促进的某种形式的激活作用是导致蛋白质反应的原因。蒽醌环上的取代基效应强烈提示了羰基氧自由基——阴离子的亲核进攻，如果是这样的话，反应将是通过亲核自由基攻击酪氨酸或色氨酸形成强的C—O键完成。而O—S键太弱以至于不允许发生与带有硫自由基的胱氨酸进行有效的亲核反应。

11.5 与接触有关的研究

任何染料刺激皮肤并引起过敏性接触性皮炎的先决条件是染料从织物转移到皮肤上并渗透进皮肤，这样它们就可能与皮肤蛋白质发生反应。因此，关于染料分子在织物上的结合牢度、经皮吸收速率与平均接触程度的研究对染料作为过敏原这个话题来讲是非常重要的。

11.5.1　牢度

染料的牢度(色牢度)数据可以从染料索引[33]中获得。不同类型的染料其牢度会不同,即使是相同类别的染料其色牢度也会有所差异。

纺织科学家多年来一直在进行有色织物的色牢度评价,因为纺织品消费者更喜欢最终使用时织物的颜色能始终保持不变。由于染料的损失或染料分子的断裂而造成的织物褪色,通常都不是有色织物可取的性质。但是一个值得注意的例外是牛仔布,这是一种消费者希望尽快褪色的织物。

目前已制定了许多的色牢度测定方法并达成共识[34]。这些方法通常包括了有色织物暴露在不同环境中的详细程序和暴露结果的评价方法。色牢度评价通常包括对水洗(湿牢度)、摩擦(摩擦牢度)、汗渍、漂白、光照、臭氧及其他条件影响下的色牢度。在一些情况中染料会从织物上损失,而在另一些情况中褪色则是因为染料的分解,使它无法选择吸收和反射光。

当涉及染料转移时,评估通常是从将接触后的(被测试的)白色试样放置在对照的(未接触过的)白色样本旁边开始的。测试人员在标准卡上选出与接触后的试样和未接触过的对照样本之间色差相同的一组卡片,这些卡片编号为5、4—5、4、4—3、3、3—2、2、2—1 和1,正是这些数字提供了色牢度的结果。无色差(无染料转移)为5 级,重度染料转移(牢度差)为1 级。

在本章前言中提到的有色织物的 Oeko - Tex 认证中,干摩擦色牢度≥4 级的有色织物可以通过婴儿用品、直接接触皮肤产品、外衣和装饰织物的质量认证。相同产品通过认证所需的其他色牢度等级为:碱性和酸性汗渍色牢度 3—4 级、水洗色牢度 3 级、湿摩擦色牢度 2—3 级。因此,干织物摩擦时,标准最高,而湿织物摩擦时标准最低。

活性染料类的水洗和摩擦色牢度被评定为优良(5 级),分散染料的水洗和摩擦色牢度被评定为良好(4 级),这些评级是基于正确的生产工艺,过量染料的使用会导致色牢度降低,并且相同种类的染料也有不同的色牢度等级。

11.5.2　经皮吸收

6 种染料的经皮吸收速率已有报道[35-36],使用了 Scott 和 Clowes[37] 提出的体外研究方法。试验中将无损伤的细胞膜安装在玻璃扩散池中,将含有染料的溶液

(供体溶液)放置在膜的一侧,并被封闭起来以防止溶液蒸发。受体液(50%乙醇的蒸馏水)放置在膜的另一侧。在试验的55h期间,对受体液进行间隔取样,并进行高效液相色谱(HPLC)分析,且每次取样后更换受体液。高效液相色谱结果被用于计算被吸收的染料量($\mu g/cm^2$)和测定吸收曲线($\mu g/cm^2$对时间作图),然后根据曲线斜率计算出染料的吸收率[$\mu g/(cm^2 \cdot h)$]。

第一项研究[35]采用人和猪的表皮测定了分散染料红60和17、分散黄64和3、分散蓝165和T 2030/76染料的体外吸收。将染料以1000μg/mL的浓度在0.5%吐温80的蒸馏水溶液中配制成悬浮液,以200$\mu L/cm^2$的通量应用于表皮膜上。分散蓝165的吸收速率最慢,经人表皮膜未见吸收,经猪表皮膜的吸收率为0.013$\mu g/(cm^2 \cdot h)$;分散黄3的吸收速率最快,经人表皮的吸收速率为0.219$\mu g/(cm^2 \cdot h)$,经猪表皮的吸收率为2.59$\mu g/(cm^2 \cdot h)$。所有染料在猪表皮上的吸收率都高于在人表皮上的吸收率,其倍数可高达17.1(分散红17)。

第二项研究[36]中,以每种染料的合成汗液饱和溶液和五种配方测定了分散红60和分散黄3的体外吸收,这些配方含有2.5%的染料和7.5%的五种分散剂中的一种,吸收情况通过人表皮进行了测定,对分散黄3的一种配方进行了猪表皮的吸收测定。染料的合成汗液以10$\mu L/cm^2$和200$\mu L/cm^2$通量进行测量,而染料配方仅以10$\mu L/cm^2$进行测量。被设计来模拟皮肤接触的10$\mu L/cm^2$通量测定条件,在55h的接触时间内始终保持开放体系,但更高的通量条件下则需要封闭进行。

在染料的合成汗液以10$\mu L/cm^2$通量应用于人表皮膜进行测量时,均未检测出染料的吸收;在200$\mu L/cm^2$通量条件下,分散黄3和分散红60的吸收速率分别为0.09$\mu g/(cm^2 \cdot h)$和0.02$\mu g/(cm^2 \cdot h)$。这些结果表明:从汗液中的染料吸收可能是非常低的。

当实验条件为染料和分散剂配方时,分散剂可提高染料的吸收率,但仍然保持在较低的水平,且分散剂对这两种测试染料的效果不同。

11.5.3 平均外部接触量

染料及有机颜料制造商生态学和毒理学协会(The Ecological and Toxicological Association of the Dyestuffs and Pigments Manufacturing Industry,简称ETAD)计算了平均外部接触量,并预测了分散黄3、分散蓝3和酸性红114的外部接触量[38]。之所以选择这些染料,是因为它们至少表现出了极小的迁移或转移性质。这些染料被用于聚酰胺(尼龙)织物的标准色度(具有实际意义的)和明显较深色度的染色实验,制备碱性和酸性两种汗液,然后测量染料从织物上进入汗液的洗脱量及其色牢度。

染料从织物到汗液的洗脱方法是将织物放入汗渍溶液中在40℃保温1h,这是模拟了穿着的时间和温度条件。溶液离心后,用带紫外检测器的高效液相色谱仪测定溶液中的染料量。色牢度等级按前面描述的程序进行评定,并分析测定染料在色牢度试验中的转移量。

该研究结果表明:在典型染料强度下,色牢度等级为4意味着平均外部接触量约为1μg染料/(kg体重·天)。依据染料0.1%迁移率计算的平均接触量预测值可高达2500μg染料/(kg体重·天)。

11.6 研究现状

显而易见,有关染料作为接触性过敏原的知识正在日益增加,但同样明显的是,人们对于不同染料的潜在致敏性、纺织染料对不同人群的致敏率以及皮肤对有色织物上染料的真实接触情况的了解还远远不够。有关染料作为纺织过敏原的数据常常相互矛盾,受到质疑,并且也缺乏能保证各项研究数据具有可比性的标准化的测试程序。

目前已有一些关于纺织染料ACD患病率的资料,但大部分数据是关于意大利患者和那些已知纺织染料ACD意大利患者的流行率,意大利以外国家的纺织染料ACD流行率数据和不明原因ACD患者的流行率数据尚无文献报道。

毫无疑问,一些用于生产有色织物的染料是接触性过敏原,当这些染料通过某个能促进皮肤吸收的途径直接接触皮肤时,它们确实产生了阳性斑贴试验反应。有相当多的证据表明,至少有15种分散染料是接触性过敏原,这些证据包括:流行病学研究人员和皮肤科医生报告的呈阳性斑贴试验、动物试验中的阳性反应和在使用其他研究方法时预测的过敏性。

是否有任何非分散染料是接触性过敏原还很难说,因为目前证据不足,很容易受到质疑。用于斑贴过敏性测试的染料经常是直接从制造商那里获得,一般既不进行分析确认收到产品的组成,也不评估产品的纯度。因此,接触性过敏原化合物既可能是染料产品中的杂质,也可能根本就不是产品包装上的化合物。最近推出的系列活性染料商用贴片测试试剂盒的应用,将大大有助于澄清活性染料是否为过敏原。但这并不能证明活性染料织物是有害的,因为活性染料是以共价键方式与织物结合,多余的染料以水解形式存在(可能不是接触性过敏原)。

用于织物染色的 ACD 染料是否对人体构成健康风险尚不明确,目前人们正在进行研究以期能澄清这一重要问题。最重要的研究聚焦在:染料的色牢度;织物被水和汗水湿润时,染料的可萃取性及其经皮吸收性质和平均接触量。但目前除了染料色牢度外,其他方面的数据都非常少,我们需要更多的实验室对更大量的 ACD 染料进行测试。在确定风险方面最有帮助的是服装中染料的鉴别,这些服装是患者呈阳性斑贴试验染料的可疑来源。但到目前为止,并没有证据能证明:患者斑贴试验呈阳性的染料就一定是该患者所怀疑的导致他/她 ACD 的纺织品成分。

目前尚不清楚这些阳性斑贴试验在生物学上是否就一定意味着临床上相关的不耐受性和交叉反应性。另外,这些染料的阈值大小和临床结果也尚不清楚。

参考文献

[1]Azenha A:Textile workers; in Kanerva L,Elsner P,Wahlberg JE. Maibach HI (eds):Handbook of Occupational Dermatology. Berlin,Springer; 2000.

[2] Frimat P, Yeboue - Kouame Y: Textiles et colorants. Classification, aspects médico - Iégaux; in Proceedings of the GERDA (Groupe d'Etudes et de Recherche en) Dermato - Allergologie). Paris,John Libbey Eurotext,1999.

[3]Hatch KL,Maibach HI:Fiber; in Maibach HI(ed):Toxicology of Skin. New York,Francis & Bacon,2001.

[4]Hatch KL,Maibach HI:Textiles; in Kanerva L,Elsner P,Wahlberg JE,Maibach HI (eds):Handbook of Occupational Dermatology. Berlin,Springer,2000.

[5]Hatch KL,Maibach HI:Textile dye allergic contact dermatitis prevalence. Contact Dermatitis 2000;42:187 -195.

[6]Hatch KL,Maibach HI:Dyes as contact allergens,a comprehensive record. Textile Chem Color Am Dyestuff Rep 1999; 1:53 -59.

[7]Hatch KL,Maibach HI:Textile dyes as contact allergens. I. Textile Chem Color

1998;30:22 – 29.

[8] Lepoittevin JP, LeCoz C: Chimie des colorants vestimentaries; in Proceedings of the GERDA (Groupe d'Etudes et de Recherche en Dermato – Allergologie). Paris, John Libbey Eurotext, 1999.

[9] Pons – Guiraud A: Aspects cliniques de l'allergie aux colorants des textiles; in Proceedings of the GERDA (Groupe d'Etudes et de Recherche en Dermato – Allergologie). Paris, John Libbey Eurotext, 1999.

[10] WS Atkins International Ltd: Final Report on the assessment of the risks to human health posed by certain chemicals in textiles and of the advantages and drawbacks of restrictions on their marketing and use. London, WS Atkins Int Ltd, 1999.

[11] Balato N, Lembo G, Patruno C, Avala F: Prevalence of textile dye contact sensitization. Contact Dermatitis 1990;23:111 – 126.

[12] Dooms – Goossens A: Textile dye dermatitis. Contact Dermatitis 1992;72: 321 – 323.

[13] Gasperini M, Farli M, Lombardi P, Sertoli A: Contact dermatitis in the textile and garment industry; in Frosch P (ed): Current Topics in Contact Dermatitis. Berlin, Springer, 1989.

[14] Goncalo S, Goncalo M, Azenha MA, Barros A, Bastos AS, Brandão FM, Faria A, Marques MSJ, Pecegueiro M, Rodriques JB, Salgueiro E, Torres V: Allergic contact dermatitis in children. Contact Dermatitis 1992;26:112 – 115.

[15] Lodi A, Ambonati M, Coassini A, Chirarelli G, Mancini LL, Crosti C: Textile dye contact dermatitis in an allergic population. Contact Dermatitis 1998;39:314 – 315.

[16] Manzini BM, Seidenari S, Danese P, Motolese A: Contact sensitization to newly patch tested nondisperse textile dyes. Contact Dermatitis 1991;25:331 – 332.

[17] Manzini BM, Motolese A, Conti A, Ferdani G, Seidenari S: Sensitization to reactive textile dyes in patients with contact dermatitis. Contact Dermatitis 1996;34: 172 – 175.

[18] Manzini BM, Donini M, Motolese A, Seidenari S: A study of five newly patch – tested reactive textile dyes. Contact Dermatitis 1996;35:313.

[19] Seidenari S, Manzini BM, Danese P: Contact sensitization to textile dyes: De-

scription of 100subjects. Contact Dermatitis 1991 ;24:253 –258.

[20] Seidenari S, Manzini M, Schiavi ME, Motolese A: Prevalence of contact allergy to non – disperse azo dyes for natural fibers: A study in 1,814 consecutive patients. Contact Dermatitis 1995;33:118 – 122.

[21] Soni BP, Sherertz EF: Contact dermatitis in the textile industry: A review of 72 patients. Am J Contact Dermat 1996;7:226 –230.

[22] Seidenari S, Mantovani L, Manzini BM, Pignatti M: Cross – sensitization between azo dyes and para – amino compound. Contact Dermatitis 1997;36:91 –96.

[23] Guin JD, Dwyer G, Sterba K: Clothing dye dermatitis masquerading as (coexisting) mimosa allergy. Contact Dermatitis 1999;40:45.

[24] Lazarov A, Cordoba M: The purpuric patch test in patients with allergic contact dermatitis from azo dyes. Contact Dermatitis 2000;42:23 –26.

[25] Pecquet C, Assier – Bonnet H, Artigou C, Verne – Fourment L, Saïag P: Atypical presentation of textile dye sensitization. Contact Dermatitis 1999;40:51.

[26] Wu J, Sun CC, Fanchiang JH: T – cell epitome mapping performed after patch testing in a patient with contact allergy to several azo dyes. Br J Dermatol 1999; 141:350 –351.

[27] Hausen BM, Menezes Brandao F: Disperse Blue 106, a strong sensitizer. Contact Dermatitis 1986;15:102 –103.

[28] Hausen BM, Sawall EM: Sensitization experiments with textile dyes in guinea pigs. Contact Dermatitis 1989;20:27 –31.

[29] Ikarashi YI, Tsuchiya T, Nakamura A: Application of sensitive mouse lymph node assay for detection of contact sensitization capacity of dyes. J Appl Toxicol 1996; 16:349 –354.

[30] Sailstad DM, Tepper JS, Doerfler DL, Qasim H, Selgrade MK: Evaluation of azo and two anthraquinone dyes for allergic potential. Fund Appl Toxicol 1994;23:569 –577.

[31] Magee PS, Hostynek JJ, Maibach HI: Toward a predictive model for allergic contact dermatitis; in Salem H (ed): Animal Test Alternatives. New York, Dekker, 1995.

[32] Hatch KL, Magee P: A discriminant model for allergic contact dermatitis in anthraquinone disperse dyes. Quant Struct Act Relat 1998;17:20 –26.

[33] Society of Dyers and Colorists: Color Index, ed 3. Manchester, Society of Dyers and Colorists, 1987.

[34] American Association of Textile Chemists and Colorists: 2000 Technical Manual. Research Triangle Park, AATCC, 2000.

[35] Ecological and Toxicological Association of the Dyes and Organic Pigments Manufacturers (ETAD): In vitro absorption of six disperse dyes through human and pig epidermis. ETAD Project T 2030, Basel 1994.

[36] Ecological and Toxicological Association of the Dyes and Organic Pigments Manufacturers (ETAD): In vitro absorption of two disperse dyes from synthetic perspiration and five formulations. ETAD Project T 2030, part 2, Basel 1995.

[37] Scott RC, Clowes HM: In vitro percutaneous absorption experiments. A guide to the techniques in use in toxicology assessments. Toxicol Methods 1992; 2: 113 - 123.

[38] Ecological and Toxicological Association of the Dyes and Organic Pigments Mannfacturers (ETAD): Extractability of dyestuffs from textiles over a normal lifetime of use. ETAD Project G 1033, Basel 1997.

12 纺织过敏原——甲醛

Joseph F. Fowler

路易斯维尔大学医学院皮肤科,美国肯塔基州路易斯维尔

未经处理的天然纤维和合成纤维织物用于服装制作几乎不会引起皮肤问题。但是,在制造和生产成衣过程中添加到纤维中的化学物质和染料则可能引起刺激性和过敏性接触性皮炎(ICD 和 ACD)。服装引起的皮肤问题可归因于免烫整理剂所释放出的甲醛(甲醛纺织树脂,formaldehyde textile resins FTRs)。

用于服装的天然纤维以纤维素或蛋白质为主,它们包括棉花、亚麻、羊毛和丝绸。人造纤维可以由纤维素(黏胶)和蛋白质(如牛奶蛋白或大豆蛋白)制成[1]。非纤维素基合成纤维主要来源于石油化工生产(聚酯、尼龙和丙烯酸酯)[1]。

服装通常是由天然纤维和合成纤维混纺而成的纱线来制备。这些混纺产品以及构成它们的合成纤维和天然纤维本身都有多个品牌和制造商。一般来说,混纺织物(例如涤棉混纺)比未混纺织物更有可能用 FTRs 处理。但因为这样的树脂不能与合成纤维结合,因此纯合成纤维织物并不用 FTRs 处理[2]。同样,由于树脂可能会损伤丝绸纤维,所以丝绸也不会用 FTRs 处理。纯棉织物即使不经过 FTRs 处理也可能含有少量甲醛,但它可以经过洗涤过程去除,而对于 FTRs 处理后的织物洗涤却无能为力。

Storrs 对 FTRs 使用的早期情况进行了文献综述[2],通过甲醛处理的织物改性的讨论最早出现在 1906 年,当时 Eschalier 基于观察到的再生纤维素或黏胶纤维的强度可以通过酸性甲醛的处理而提高的实验结果取得了专利[2-3]。在 20 世纪 30 年代,由尿素和三聚氰胺甲醛合成的 *N*-羟甲基(甲醛)衍生物在纤维素织物中发生聚合,所期待的抗皱性能被树脂从漂白剂中吸收氯引起织物泛黄和强力下降的倾向而抵消。此外,服装在穿着及储存时亦会释放出甲醛[2-4]。

在20世纪50年代和60年代,人造纤维和棉粘混纺的快速发展伴随着环乙烯和丙烯脲化合物的引入。这些树脂相当于改良的缩合树脂,因为它们可以与纤维素纤维直接结合,使释放的甲醛更少,耐洗性和耐氯性也更好。环脲的醚化乙二醛改性是后来发展起来的,它进一步降低了树脂整理的甲醛释放量。到1981年,纺织工业已将甲醛释放水平降低至100~200mg/kg[5],这主要应归功于高纯度树脂的制备和使用量的减少,此外,甲基化的2D树脂的使用消除或减少了整理剂中的NCH_2OH基团,从而减少了甲醛释放的主要来源[5]。Scheman等认为[6],现在较新的具有更低甲醛释放的FTRs主要用于儿童服装。

12.1 服装引发皮炎的临床表现

皮肤上过敏出疹子的分布通常与服装最贴身的部位相吻合。男装和女装款式的多样性可以解释出疹分布上的差异性。例如,男性更有可能患上由衬衫硬领子引起的颈部皮炎,由连衣裙或衬衫织物引起的腋窝前、后皱褶处的皮炎也是比较典型的。裤子既适用于男士也适用于女士,它有可能引起大腿内侧和前部以及膝后窝的皮炎。衣服紧贴皮肤的任何部位都有可能发生纺织品皮炎。此外,一些皮肤区域似乎更敏感,如腋窝、前肘部和膝后窝部。

对床单或家具织物后整理剂的过敏,可能导致背部、后腿或其他紧密接触部位的皮炎恶化。保暖保湿(例如出汗)倾向于增加纺织品ACD的发生。由于穿着厚重的衣服,一些人的纺织品皮炎在冬季更为严重。内衣保护皮肤部分具有典型的纺织品皮炎特征,并可能蔓延开去。与基于甲醛的防腐剂(FRPs)的交叉反应可能因为引起面部和手部的皮炎而使情况变得复杂[7]。

一般来说,染料引起的皮炎在发病时往往是急性和快速的[8],但基于甲醛树脂的免烫整理剂通常则是引起慢性皮炎,大面积的红斑也可能是由于甲醛过敏引起的,年长患者的皮炎蔓延区域比年轻患者更大[9]。

甲醛纺织品过敏的一个复杂因素是因为许多皮肤和头发护理产品中含有可释放甲醛的防腐剂(FRPs),主要有季铵盐-15、重氮烷基脲、咪唑烷基脲、溴硝醇和DM-DM乙内酰脲。例如,如果对甲醛敏感的人在手上和面部使用含有这些FRPs之一的保湿产品,那么这些区域可能会出现ACD,通常情况下这些区域并不会涉及单纯的纺织品皮炎。

12.2 天然纤维引发的皮炎

12.2.1 棉

棉织物是由未经处理的棉纤维素制成的,纯棉织物目前尚无引起 ACD 的报道。任何声称具有抗皱功能的棉质服装都可能经过了耐久性压烫整理,几乎所有的棉与合成纤维混纺都是如此。我们很难完全确定一种 100% 的棉织物没有经过后整理。尽管容易起皱或容易收缩的棉织物不太可能经过了后处理,但价格也不是一个决定因素。不太容易起皱的转基因棉花确已问世,虽然它还不能如甲醛树脂整理织物般硬挺。

12.2.2 亚麻

这种纤维是由亚麻植物的内皮制成,有时它会经过耐久性压烫整理以获得抗皱效果,未经整理的亚麻不应引起过敏反应。

12.2.3 羊毛

纯羊毛服装通常不经过耐久性压烫整理,但一些旧的专利和工艺确实提到过在羊毛织物上使用甲醛整理以达到防收缩和防细菌降解的目的[3]。由于该整理会改变羊毛的天然手感,在现代羊毛加工工艺中亦不再采用,然而,粗纺混纺织物可能还会经过后整理,Hellfire 在 1960 年[10]、Romaguera 等在 1981 年[11]都提出:与羊毛有关的紫癜性斑疹可能与尿素或三聚氰胺—甲醛树脂的后整理引起的过敏有关。

12.3 甲醛纺织品树脂引发的皮炎

在 1934 ~ 1958 年间,Marcussen[12]在丹麦诊断了 26 位因甲醛纺织品树脂过敏的病人,他用4%的甲醛进行测试,这可能产生了一些假阳性的刺激性反应。在挪威,Hovding[13]报告了1953~1958年间他所观察到的2110位经过常规斑贴试验呈甲醛敏感并患有纺织品相关皮炎患者中的45位病例。Hovding在他1959年分析的256份黏胶纤维和棉花样品中,有227份发现了游离甲醛,其浓度在5000~12000mg/kg之间[14]。

在英国,Cronin报道了1953~1961年间30名患有纺织品皮炎(不是由染料引起)的病例[15],1970~1976年她又发现了33名病例[7],其中有5例为树脂阳性和甲醛阴性,其余患者均为甲醛阳性,对可疑衣物的斑贴试验通常是阴性的,但服装的甲醛实验则常常呈阳性[15]。

1964年,Berrens等[16]注意到在荷兰的一些患者,他们对甲醛过敏(即使是浓度低至0.3%~0.03%的甲醛也会引起过敏),但他们对可疑服装,甚至是被证明确实含有甲醛的服装也并不出现过敏反应。然而,避免使用含甲醛的衣服确实可以消除皮炎。1964年在荷兰,Malten对66名怀疑对纺织后整理剂过敏的患者进行了测试[17],其中27人至少对用于纺织品后整理的37种物质中的一种过敏,只有7人对甲醛过敏。Fregert和Tegner[18]还报告了一名患者,他对后整理树脂(DMD-HEU)反应呈阳性,而对甲醛反应呈阴性。

1973年,另一组甲醛反应呈阴性、FTR呈阳性的病例报道来自于加拿大[19-20]。这11名患者在新的Wabasso涤/棉床单上睡觉后出现了一种全身瘙痒性皮炎,但11例患者无一例对甲醛过敏。在1976年伦敦的一份类似报告中,39名患者显然也对同一品牌的床单产生了过敏反应[21]。6名加拿大患者对自己床单的斑贴试验呈阳性[19],其中5名患者对FTR(*N*,*N*-二羟甲基-4-甲氧基-5,5-二甲基丙烯基脲)过敏[20]。在这些病例中,刺激性和过敏性反应可能都发生了。

美国也曾有与纺织品有关的皮炎报道,Epstein和Maibach[22]在1963~1965年间测试的156名患者中,确认出3例甲醛阳性患者,他们患有与服装板型有关的皮炎。1964年,O'Quinn和Kennedy[23]又报道了另外3名既对甲醛又对含甲醛纺织品过敏的病例。

最近Fowler等人的报告指出这一趋势正在戏剧性地增加[8],在28个月内,肯塔基州路易斯维尔和纽约市检测的1022名患者中有17例甲醛树脂过敏,其中5人患有与职业有关的疾病,其余的人年龄较大且患有广泛性皮炎,只有12人对甲醛(1%水溶液)过敏,他们也对与甲醛相关的防腐剂过敏,乙烯脲三聚氰胺甲醛树脂(Fixopret AC)(10% Pet.)以14例呈阳性(占82%)成为一个最好的筛选剂。作者推论:即使成衣是在美国制造的,但进口纺织品使用增加的趋势可能是这种情况激增的原因。纺织品过敏明显增加的另一个原因可能是由于以前人们并不认为广泛性皮炎是由纺织品树脂引起。由于缺乏对纺织品过敏的怀疑,导致了不适当地减少了斑贴试验。而且即使进行了斑贴试验,如果FTRs并不作为常规的筛查试验,一些甲醛阴性患者在有限的筛查中也可能会被漏掉。Sherertz[24]报道称,在11例服装过敏患者中有10例对脲醛树脂过敏,而只有8例对1%的甲醛水溶液过敏。

12.3.1 甲醛引起的其他皮肤过敏

除了皮炎,甲醛还会引起荨麻疹[25]。芬兰报告了一例严重的接触性荨麻疹,它与皮革服装中使用的甲醛有关[26]。另有1例甲醛引起的淀粉样苔藓病例报道[27],患者遭受了近30年的严重瘙痒导致抓挠和摩擦,这反过来显然又加重了淀粉样苔藓病情,他在甲醛和大多数FTRs的贴片测试中呈阳性,因此必须完全避免这类物质的接触。

12.3.2 皮革中的甲醛

甲醛可用于皮革鞣制及染色后皮革的整理[3,28]。它主要用于白色皮革或具有高度耐水性皮革的生产[2,3]。甲醛被认为与皮革胶原蛋白反应牢固,很难释放,偶尔也被用作植物鞣制重革的预鞣剂。一些合成鞣剂使用了含磺酸基团的水溶性酚醛缩合物[3]。甲醛很少被怀疑是导致脚部皮炎的原因,据Hack[28]报道,一名甲醛过敏妇女的脚部皮炎与她那双白色皮革接触的皮肤部位完全吻合。戊二醛也可用于鞋用皮革的鞣制[29],然而甲醛和戊二醛之间的交叉反应非常罕见。

12.4 对耐久性熨烫整理过敏的斑贴试验

虽然甲醛(1%的水溶液)能鉴别出大约70%或更多的对FTRs过敏的人,但如果不进行树脂的过敏性测试,一些患者还是会被遗漏[6,8,17-21]。用甲醛和几个FTRs进行斑贴试验,可以检测出大部分由耐久性熨烫整理引起的ACD。过敏反应可能在48h还呈阴性,需要到第5或第7天时才呈阳性[30-31]。目前,NACDG使用乙烯脲三聚氰胺甲醛树脂(简称 EUMF)(浓度为 5%)作为纺织品过敏的筛选剂,而 Scheman 等人推荐使用 2D 树脂(二羟甲基二羟基乙烯基脲,简称 DMDHEU)[6]。他们选择了 10 名对 1% 甲醛水溶液斑贴试验呈阳性反应的已知纺织品过敏患者重新测试一组 FTRs,他们发现所有人都对 DMDHEU(也称为 Fixapret CPN)出现过敏反应,8 人对四羟甲基乙炔二脲(Fixapret 140)出现过敏,仅 6 人对 EUMF 出现过敏。

在大多数试验中心,甲醛的试验浓度为 1% 水溶液,但 Fowler[32] 常观察到这样的情况:对 1% 浓度呈阴性反应,但对 2% 则呈明确的、相关的阳性反应。因此,如果强烈怀疑甲醛过敏,应同时进行 1% 和 2% 两个浓度的测试。但是医生必须记住:2% 和偶尔 1% 浓度的甲醛溶液可能会产生轻微的刺激性,它通常会出现在一个"光滑"的部位,有非常轻微的红斑,但并不出现硬结或丘疹,这种刺激性反应也并不表示过敏。

Jordan 等[33] 能鉴定出一些患者,他们对浓度低至 30mg/kg(0.003%)的水合甲醛斑贴试验产生了过敏反应。他们的一位患者可以通过没有明显皮肤反应情况下产生的瘙痒,预见性地识别出喷入其腋下的含有 30mg/kg 甲醛的溶液。

如果有上述过敏原,通常并不需要用织物进行斑贴试验。然而,有时用织物本身进行试验可能对病人更具有教育意义,也可能有助于鉴别对通常过敏原没有反应的罕见过敏病例。织物一般裁剪成约 $2cm^2$ 大小进行测试,如果在测试前将织物在水中浸泡 10min,会引起更多的阳性反应。如前所述,用织物进行的过敏性斑贴试验经常会产生假阴性结果。

12.5 纺织品中甲醛的检测

有多种测试方法已被用于织物释放出的游离甲醛的测定。1960 年,美国纺织化学家和染色家协会(AATCC)的测定方法 112 问世[5],它通过测量在 49℃ 下储存在水上面 20h 的织物释放出的甲醛蒸气来完成。

1960 年完成的分析数据显示,从各种树脂处理织物中释放出的甲醛含量在 3,900 ~ 6,200mg/kg 之间,经过 1 次后洗处理,可减少到 1,500 ~ 3,500mg/kg 范围[2,4]。1974 年,Schorr 等研究了 112 个筛选出的美国织物[34],虽未列出整理所用的树脂,但作者采用变色酸法证实了整理后的纤维素与共混物可释放高达3,600mg/kg的甲醛。百分之百的合成纤维仅释放1~2mg/kg的甲醛,它可能是由表面使用的柔软剂中的生物杀灭剂造成的。

在旧文献中报道的关于甲醛最具体的测试方法是变色酸法,该方法是由E. Eegriwe在1937年提出的,在纺织品中的应用经过了Hovding的改进[3,14](附录A)。该方法在1∶100溶液中检测甲醛[14],Dahlquist等认为它不完全针对甲醛,并报道了假阴性反应[35-36]。

Scheman等[6]最近报道了两种更新的测试方法,一种是Merck法,是一种已经商业化的方法;而另一种是在日本进行的一项测试,它不要求织物接触到酸附录A。Scheman等认为变色酸法、Schiff试剂法(另一种较老的技术)和Merck测试方法可能会高估织物中甲醛的含量,因为这三种方法都涉及了酸的使用和加热条件,而酸和高温可能会使交联的FTRs解聚,从而释放出更多的游离甲醛。

在研究中,Scheman等人发现[6]:同时采用Merck法和Schiff法对9种织物进行检测,其中6种未检测出甲醛释放,2种显示甲醛释放量约为100mg/kg,1种为2,000mg/kg,而这最后1种织物用日本方法进行测试,其结果仅为24mg/kg。所有的这些测试织物都是美国制造。

12.6 服装性皮炎的管控

因为广泛接触FTRs、FRPs和甲醛引起了过敏,这些皮炎患者可能是一些感觉最不舒服的接触性过敏病人,他们的病情通常需要几个疗程的系统性皮质激素治疗才能缓解,即使努力避免接触过敏原,有些人也可能需要3~6个月或更长的时间才能够完全康复,在这一阶段,咨询和鼓励尤为关键。在甲醛皮炎的某些情况下,会需要一些其他的系统治疗,如PUVA或甲氨蝶呤、环孢素和他克莫司这样的免疫抑制剂治疗。局部皮质类固醇霜和洗剂的使用也可能会有帮助,然而这些产品中有些含有FRPs,因此在选择这些试剂时必须非常小心。较新的"免疫调节剂",如他克莫司和匹莫司也可以用于纺织品过敏治疗。口服抗组胺药物可能有助于暂时缓解瘙痒症状,但应该避免使用如苯海拉明或多塞平这样的局部抗组胺药物,因为它们本身通常就会引起ACD。

对甲醛和 FTR 过敏的人可以暂时性地穿着经过整理的纯棉或丝绸内衣,Fowler(个人观察)发现丝绸会更有利一些。摩擦、热、湿度,特别是过多的汗水在服装皮炎的产生中起着重要的作用。紧身的衣服会引发皮炎,但当病人穿宽松一点的衣服或减肥后皮炎可能就不会再发生了。患者可能在夏季因某一特定服装患上皮炎,但在较冷的天气或较干燥的气候中则不然,当汗液蒸发受阻时,汗液中 pH 的变化可能是引起皮炎的一个因素。同时,汗液从衣服上溶出染料和后整理剂,也会在敏感人群中引发皮炎。因此,有效控制过多的出汗可以减少皮炎的发生。

12.7 护肤品的使用

一些人发现,使用外用皮质类固醇喷雾剂喷洒腋窝和其他皮肤褶皱部位,可以帮助预防服装性皮炎,该产品可形成保护膜,皮质类固醇可减轻炎症。然而,由于它们具有引起皮肤萎缩和其他不良副作用的风险,因此,这类产品不能经常使用。只能偶尔使用。Spray - on Shield(Kleinert)(克莱尔特生产的喷雾屏蔽剂)和 Serene (Sheffield)(谢菲尔德生产的舒缓剂)是已商业化的喷雾剂,它们含有充当屏障、保护衣物免受汗水浸湿的有机硅,从而防止染料和整理剂的溶出。常春藤防晒霜(美国肯塔基州路易斯维尔市 Enviroderm 公司)已被证明可以阻止有毒常春藤过敏[37],目前还不确定它是否会阻止其他过敏原,但如果避免过敏原是不可能的,那我们可以在服装皮炎区域尝试使用它。Pro - Q 泡沫(美国密歇根州弗恩代尔实验室)被作为一种皮肤保护剂来推广,它已经被证明可以阻止十二烷基硫酸钠的刺激作用[38],它也可能有助于消除皮肤褶皱部位的皮炎,这些部位因为汗液和浸渍的双重作用而变得复杂化。

附录 A 纺织过敏原——甲醛的检测方法

1. 变色酸(4,5 - D - 羟基 - 2,7 - 萘二磺酸)方法

(1)取 $1cm^2$ 的织物样品放入装有 5mL 蒸馏水的试管内煮沸。

(2)保持 5min。

(3)取 1 滴冷却的上层清液加入 2mL 含有少量变色酸晶体的 72% 浓硫酸中。

(4)把混合物放在火焰上缓慢加热。强烈的红紫色至紫罗兰色表示测试呈阳性。

2. Merck 法

(1)将 $1cm^2$ 的织物样品放入 5mL 0.1N HCL 溶液中加热超过66℃保温10min。

(2)冷却后加入 10mL 浓氢氧化钠溶液。

(3)将测试条浸入混合液中,并将产生的颜色与参考试纸进行比较。

3. 日本方法

(1)将2.5克的织物样品放入40℃100mL水中保温1h。

(2)制备乙酰丙酮试剂:150g 醋酸铵,3mL 乙酸,2mL 乙酰丙酮,加水稀释到1000mL。

(3)将5mL 上述试剂与5mL 上层清液混合后在40℃保温30min。

(4)冷却后,在412~415nm 波长处测定吸光度,并最终计算甲醛含量。

参考文献

[1] Moncrieff R: Man - Made Fibers. Toronto, Wiley, 1975, vol 1.

[2] Storrs F: Dermatitis from clothing and shoes; in Fisher A (ed): Contact Dermatitis, ed 3. Philadelphia, Lea & Febiger, 1986, pp 283 - 337.

[3] Walker JF: Formaldehyde. American Chemical Society Monograph Series, No 159. New York, Krieger Publishing, 1964, vol1.

[4] Reid JD, Arceneaux RL, Reinhardt RM, Harris JA: Studies of wrinkle resistance finishes for cotton textiles: Release of formaldehyde vapors on storage of wrinkle - resistant cotton fabrics. Am Dyestuff Rep 1960;49:29.

[5] Vail SL, Reinhardt RM: What do formaldehyde tests measure? Text Chem Color 1981;13:13.

[6] Scheman A, Carroll P, Brown K, Osburn A: Formaldehyde - related textile allergy: An update. Contact Dermatitis 1998;38:332 - 336.

[7] Cronin E: Studies in contact dermatitis. XVIII. Dyes in clothing. Trans St Johns Hosp Dermatol Soc 1968;54:156.

[8] Fowler J, Skinner S, Belsito D: Allergic contact dermatitis from formaldehyde

resin in permanent press clothing. J Am Acad Dermatol 1992;27:962.

[9]Cronin E:Clothing and textiles; in Ronin E (ed):Contact Dermatitis. Edinburgh,Churchill Livingstone,1980;p 36.

[10] Hellier FF:Dermatitis purpurica nach Kontakt mit Textilgeweben. Hautarzt 1960; 11:173.

[11] Romaguera C,et al:Occupational purpuric textile dermatitis from formaldehyde resins. Contact Dermatitis 1981;7:152.

[12] Marcussen PV:Contact dermatitis due to formaldehyde in textiles 1934 - 1958. Acta Derm Venereol (Stockh) 1959;39:348.

[13] Hovding G:Contact eczema due to formaldehyde in resin - finished textiles. Acta Derm Venereol(Stockh) 1961;41:194.

[14] Hovding G:Free formaldehyde in textiles. Acta Derm Venereol (Stockh) 1959;39:357.

[15]Cronin E:Formalin textile dermatitis. Br J Dermatol 1963;75:267.

[16]Berrens L,Young E,Jansen LH:Free formaldehyde in textiles in relation to formalin contact sensitivity. Br J Dermatol 1964;76:110.

[17] Malten KE:Textile finish contact hypersensitivity. Arch Dermatol 1964; 89:102.

[18] Fregert S,Tegner E:Non - iron agents. Contact Dermatitis Newslett 1971; 9:200.

[19]Pannaccio F,Montgomery DC,Adam JE:Follicular contact dermatitis due to coloured permanentpressed sheets. Can Med Assoc J 1973; 109:23.

[20]Wilkinson RD:Sheet dermatitis. Can Med Assoc J 1973;109:14.

[21] Rycroft RJG, Cronin E, Calnan CD:Canadian sheet dermatitis. Br Med J 1976;ii:1175.

[22]Epstein E,Maibach HI:Formaldehyde allergy. Arch Dermatol 1966;94:186.

[23]O'Quinn SE,Kennedy CB:Contact dermatitis due to formaldehyde in clothing textiles. JAMA 1965;194:123.

[24]Sherertz E:Clothing dermatitis:Practical aspects for the clinician. Am J Contact Dermat 1992;3:55 -64.

[25] Schwartz L: Dermatitis from synthetic resins. J Invest Dermatol 1945;6:239.

[26] Helander I: Contact urticaria from leather containing formaldehyde. Arch Dermatol 1977; 113:1443.

[27] Trattner A, David M: Textile contact dermatitis presenting as lichen amyloidosis. Contact Dermatitis 2000;42:107 – 108.

[28] Hack M: Chemical and mechanical etiology of shoe dermatitis. Cutis 1970; 6:529.

[29] Jordan WP, Dahl MV, Albert HL: Contact dermatitis from glutaraldehyde. Arch Dermatol 1972; 105:94.

[30] Robertson MH, Storrs FJ: Allergic contact dermatitis in two machinists. Arch Dermatol 1982; 118:997.

[31] Rostenberg A: Dermatitis from formaldehyde resin textiles – Discussion. Arch Dermatol 1966;94:800.

[32] Rietschel R, Fowler J: Textile and shoe dermatitis; in Fisher's Contact Dermatitis, ed 5. Philadelphia, Lippincott/Williams & Wilkins, 2000.

[33] Jordan WP, Sherman WJ, Kins S: Threshold responses in formaldehyde – sensitive subjects. J Am Acad Dermatol 1979;1:44.

[34] Schorr WF, Keran E, Plotka E: Formaldehyde allergy. Arch Dermatol 1974; 110:73.

[35] Dahlquist I, Fregert S, Gruvberger B: Detection of formaldehyde in corticoid creams. Contact Dermatitis 1980;6:494.

[36] Dahlquist I, Fregert S, Gruvberger B: Reliability of the chromotropic acid method for qualitative formaldehyde determination. Contact Dermatitis 1980;6:357.

[37] Marks J, Fowler J, Rietschel R, Sherertz E: Prevention of poison ivy/oak allergic contact dermatitis by quaternium – 18 bentonite. J Am Acad Dermatol 1995;33:212 – 216.

[38] Patterson S, Williams V, Marks J: Prevention of sodium lauryl sulfate irritant contact dermatitis by Pro – Q aerosol foam skin protectant. J Am Acad Dermatol 1999; 40:783 – 785.

13 皮肤对纺织品的即时型反应

Andreas J. Bricher

瑞士巴塞尔大学医院皮肤科过敏组

对纺织品的即时皮肤反应,如荨麻疹和血管水肿,是极为罕见的。所报告的大多数病例都是发生在职业性接触化学品之后,例如接触活性染料或甲醛。更常见的是呼吸道症状,包括哮喘和鼻炎[1]以及接触性皮炎[2-3],它们在职业环境中常频繁出现。然而,有可能还存在相当数目的并未确认的个案。这一方面是因为受影响的病人自己找出罪魁祸首,并没有寻求医疗诊断;另一方面是因为没有进行正确的诊断测试或出现漏诊。本章对存在于纺织品中或在纺织品上的不同试剂引起的皮肤即时型反应进行了综述。

13.1 危险因素

由于处理或穿着接触到纺织品,从而引发皮肤反应的危险情况包括以下几种可能:最常见的情形是职业性接触,因为在生产加工过程中会接触到活性化学物质;稍少一些的情况有:以前已有皮肤病,如特应性皮炎、多汗症,它可能会导致服装中存在化学品的渗出增加;肥胖,因为它会增加摩擦,特别是皮肤褶皱部位处的摩擦;穿着新的未洗涤过的衣服,都有助于引起皮肤反应。

13.2 症状

即时型的症状和体征包括刺痛、瘙痒、红斑、血管水肿、荨麻疹和过敏反应,最常见的是荨麻疹,其次是血管水肿。有些病人会合并多种情况,如哮喘和荨麻疹或由同一种化合物引起的接触性皮炎。

13.3 发病机理

刺痛、瘙痒的发病机理很复杂,目前尚不完全清楚。接触性荨麻疹可能是非免疫性的,也可能是免疫性的,如 IgE 介导型[4]。在某些情况下,皮肤试验的结果或过敏原特异性 IgE 的存在[5]支持免疫性发病机理。

13.4 纺织类型和材料

大量的各种材料被用于制造纺织纤维[6],它们包括天然材料,如植物类(棉花)、动物类(羊毛、丝绸)和矿物质,合成聚合物(如尼龙)也是一大类。其他用于服装或服饰的材料还包括皮革、天然橡胶和金属。患者也可能接触服装以外的织物,例如工作中接触毯子、床单。

13.5 刺激剂和过敏原

13.5.1 纤维

如丝绸、未知纤维[7]和羊毛这样的天然纤维基本上不会引起接触性荨麻疹[6]。更多的情况是粗羊毛纤维会引起典型的刺痛感,特别是对患有活动性特应性皮炎的患者[8]。这种症状非常典型,因此被作为特应性因素评价体系中的主要判断标准[9]。

人工合成纤维作为引发即时症状原因的报道非常少,有报道称,分别为 40 岁和 55 岁的两名女性在穿着佩龙(聚酰胺纤维)紧身胸衣后患上了急性荨麻疹[10],第一个患者的荨麻疹最初局限于直接接触部位,但是再次接触后扩散到了其他身体部位;第二种情况中,除接触部位外,还发展成了全身性荨麻疹,这两个病例均经过再次接触证实。一位21岁的护士由于尼龙内衣而患上了荨麻疹,这一点经过90min后对100%聚酰胺织物片的风疹及发红反应得到了证实[11]。最后,一位36岁患有慢性荨麻疹的女裁缝对一块蓝色涤纶织物的斑贴和划痕试验呈阳性,在工作中的再次接触也呈阳性反应[12]。

13.5.2 化学品

用于纺织品后整理剂的化学物质可能会引发接触性皮炎[13],然而尽管如此,出现即时性症状还是很少的。甲醛在一些血管水肿[14]和荨麻疹[15]的病例中是过敏引发剂,在后一种情况下,引起阳性反应的必要条件是甲醛反复接触健康皮肤。在纺织整理剂(Tinofix S)存在的情况下,只有这个商品物质引起了很强的阳性反应,而单一组分呈阴性实验结果[16]。甲醛和芳香乙酸松油酯是与荨麻疹有关的喷雾淀粉中的罪魁祸首。皮肤试验15min后呈阳性,但48min后呈阴[17]。皮革中存在的甲醛也引起了一名从事皮革服装工作的女性患上反复接触性荨麻疹[18]。

在职业环境中,染料会经常引起呼吸道症状[1],但荨麻疹则很少报道。在接触活性染料的3名工人中,均观察到了皮肤点刺试验阳性或特异性IgE的荨麻疹和血管水肿[19]。另外,两名工人由于活性染料出现了荨麻疹和呼吸道症状,它们经过阳性点刺或划痕试验获得了证实,其中一人经特异性IgE证实[5]。

13.5.3 其他成分

在极少的情况下,来自弹性床单的胶乳或来自装饰的材料也可能引起过敏。我们已经观察到了一位32岁的女性对乳胶过敏,她患有夜间哮喘和瘙痒,当她不再使用含胶乳的弹性床单后,症状就消失了。

13.5.4 污染物

衣服可能含有一些我们意想不到的物质,如植物过敏原,它也可能引起皮肤反应。接触性过敏原很常见,如引起过敏性接触性皮炎的毒藤,然而出现即时症状很罕见。一位27岁的商人在穿着刚洗过的棉质裤子后患上了急性接触性荨麻疹[20],其罪魁祸首是用半心莲(标记螺母)做的洗衣房的标记,半心莲的干果汁和一块沾污后的织物都可以在6min后引起风疹反应。洗衣粉和肥皂的不完全冲洗也可能引起刺痛或瘙痒,特别是对已有皮肤病的患者。

13.6 诊断程序

对于疑似对纺织品有即时反应的病人,应进行彻底的病史和临床检查,最重要的是要确定皮肤反应的类型,如红肿、荨麻疹、血管水肿或皮炎。此外,还应评估哮喘和鼻炎等呼吸道症状的发生情况。

可以进行以下皮肤测试:开放性接触、摩擦、皮肤点刺、划痕和划痕贴片试验。此外,进行对组胺和媒介物的适当控制是必需的。由于存在出现普遍性反应的可能,再接触或刺激试验只有在皮肤测试为阴性的情况下才能进行,因此,所有测试都应在经验丰富的工作人员的密切监督下进行。由于激发物质通常无法以标准化的形式、浓度和媒介物获得,因此对测试的解释必须谨慎,可能有必要进行健康对照试验。体外特定IgE测定的商业过敏原很少,例如丝绸(k73、k74)、棉花(o1)、棉籽(k83)和乳胶(k82)等一些天然衍生物,还有一些化学物质,如甲醛(k80)和马来酸酐(k210),它们被用作聚酯生产中的活化剂。通常这些体外试验的敏感性低于皮肤试验,因此,阴性结果并不能排除过敏。

参考文献

[1]Alanko K,Keskinen H,Bjorksten F,Ojanen S:Immediate - type hypersensitivity to reactive dyes. Clin Allergy 1978;8:25 - 31.

[2]Estlander T:Occupational skin disease in Finland. Observations made during 1974 - 1988 at the Institute of Occupational Health,Helsinki. Acta Derm Venereol Suppl 1990; 155:1 - 85.

[3]Estlander T,Kanerva L,Jolanski R:Occupational allergic dermatoses from textile,leather and fur dyes. Am J Contact Dermat 1990;1:13 - 20.

[4]Von Krogh G,Maibach HI:The contact urticaria syndrome - An updated review. J Am Acad Dermatol 1981;5:328 - 342.

[5]Estlander T:Allergic dermatoses and respiratory diseases from reactive dyes.

Contact Dermatitis 1988;18:290 -297.

[6]Hatch KL,Maibach HI:Textile fiber dermatitis. Contact Dermatitis 1985;12:1 -11.

[7]Rudzki E,Grzywa Z:Two types of immediate reactions to patch - test allergens. Dermatologica 1978;157:110 - 114.

[8]Hambly EM,Levia L,Wilkinson DS:Wool intolerance in atopic subjects. Contact Dermatitis 1978; 4:240 -241.

[9]Diepgen TL,Fartasch M,Hornstein OP:Evaluation and relevance of atopic basic and minor features in patients with atopic dermatitis in the general population. Acta Derm Vcncrcol Suppl 1989; 144:50 -54.

[10] Müller EM: Urticaria externa und urticarielle Dermatitis durch Perlonhüfthalter. Z Hautkr 1954; 16:5.

[11]Dooms - Goossens A,Duron C,Loncke J,Degreef H:Contact urticaria duc to nylon. Contact Dermatitis 1986; 14:63.

[12]Pauluzzi P,Antonini E,Magaton Rizzi G:Urticaria due to dycs oftextile fibers. J Eur Acad Dermatol Venereol 1995;5:S156.

[13]Hatch KL,Maibach HI:Textile chemical finish dermatitis. Contact Dermatitis 1986; 14:1 -13.

[14]Jensen OC,Bach B:Formaldehyde in textiles as a possible cause of arthritis and angioedema. Ugeskr Laeger 1992;154:141 - 142.

[15]Andersen KE,Maibach HI:Multiple application delayed onset contact urticaria:Possible relation to certain unusual formalin and textile reactions? Contact Dermatitis 1984; 10:227 -234.

[16]De Groot AC,Gerkens F:Contact urticaria from a chemical textile finish. Contact Dermatitis 1989;20:63 -64.

[17]McDaniel WR,Marks JG:Contact urticaria due to sensitivity to spray starch. Arch Dermatol 1979;115:628.

[18]Helander I:Contact urticaria from leather containing formaldehyde. Arch Dermatol 1977;113:1443.

[19]Nilsson R,Nordlinder R,Wass U,Meding B,Belin L:Asthma,rhinitis and

dermatitis in workers exposed to reactive dyes. Br J Ind Med 1993;50:65 – 70.

[20] Krupa Shankar DS: Contact urticaria induced by *Semecarpus anacardium*. Contact Dermatitis1992;26:200.